养狗你准备好了吗

选狗、驯养、美容、护理一本通

[法]克里斯蒂亚娜·沙凯斯 编著

刘雯雯 译

中国农业出版社

CHINA AGRICULTURE PRESS

北 京

图书在版编目（CIP）数据

养狗你准备好了吗 ：选狗、驯养、美容、护理一本通 /（法）克里斯蒂亚娜·沙凯斯编著 ； 刘雯雯译. -- 北京 ：中国农业出版社，2021.3
（我的宠物书）
ISBN 978-7-109-27372-6

Ⅰ. ①养… Ⅱ. ①克… ②刘… Ⅲ. ①犬－驯养 Ⅳ. ①S829.2

中国版本图书馆CIP数据核字(2020)第182425号

Title: CHOISIR UN PETIT CHIEN POUR LA VILLE
By Christiane Sacase
EAN 13: 9782035879554

合同登记号：图字 01-2019-5994 号

养狗你准备好了吗：选狗、驯养、美容、护理一本通
YANGGOU NI ZHUNBEI HAO LE MA: XUANGOU、XUNYANG、MEIRONG、HULI YIBEN TONG

中国农业出版社出版
地址：北京市朝阳区麦子店街 18 号楼
邮编：100125
责任编辑：黄　曦
责任校对：吴丽婷
印刷：北京缤索印刷有限公司
版次：2021 年 3 月第 1 版
印次：2021 年 3 月北京第 1 次印刷
发行：新华书店北京发行所
开本：710mm×1000mm　1/16
印张：14.75
字数：354 千字
定价：68.00 元

目录 Sommaire

犬种指南：

Le guide des races

les plus courantes

常见的犬种

在我们的城市中，适合养在楼房里的小型犬随处可见，小型犬因体型较小，与楼房中的居住环境较为匹配而受到大家的喜爱。我们从最常见的犬种中选取了45种小型犬，并为您提供了详细的饲养指南。您当然可以因为对狗的“外表”倾心或因为时下风尚而挑选一条狗，但请确保该品种的大部分性格和行为特征能符合您理想的伴侣犬要求。

Affenpinscher
艾芬品

体长：25～30厘米
体重：4～6千克
寿命：12～13年

这种小型犬被毛旺盛、坚硬且浓密，以其细碎而又轻盈的步态为特色。艾芬品身躯健壮，呈正方比例，头部被毛蓬松。眉毛位置的毛蓬松且硬，头顶的毛成缕状，“胡须”茂密连鬓，让其面部看上去有点像猴子，这也是它“猴面猎犬”外号的由来，人们也会用德语称其为“Zwergaffen”，意为“胡子小恶魔”。艾芬品被毛基本呈纯黑色，内层绒毛也是黑色。

历史小知识 / UN PEU D'HISTOIRE

1434年，艾芬品第一次被扬·范·艾克（Jan Van Eyck）画进作品之中。到了16世纪，阿尔布雷希特·丢勒（Albrecht. Dürer）则经常将其雕刻在木刻版画上。17世纪艺术家的画作则证明在这个时期，艾芬品负责在马厩、农场和商店里抓捕老鼠。

起源 / ORIGINE

艾芬品是一种古老的犬种，发源于德国南部的一种长鬈毛猎狗大家族。我们推测，雪纳瑞和布鲁塞尔格里芬犬可能是艾芬品的祖先，因为这三种犬有许多共同点。但是，目前为止，没有任何记载可以证明这一假设。

艾芬品首次被载入法国纯种犬血统名录可追溯到1879年。在20世纪初，这种非常受人青睐的小型犬继承了来自粗毛杜宾犬的血统。第二次世界大

战后，这一犬种差点销声匿迹，多亏一些养殖人员的抢救性保护才得以保全下来。

在过去，艾芬品的体型要比我们现在所熟知的大得多，它们通常负责消灭厨房、酒窖和谷仓的鼠害。

1957年，关于艾芬品犬种的标准要求第一次实行。黑色是唯一被承认的正宗毛色，棕色或灰色的杂毛在可接受范围内。

今天，这种小型伴侣犬在欧洲，如德国和比利时已经很少见。尽管法国对艾芬品的繁殖始于1975年，但今天也很少见到这种小型犬了。

性格和训练方式／CARACTÈRE ET ÉDUCATION

艾芬品非常热情、亲近人、活力十足且爱玩。作为伴侣犬，它非常忠诚，表情极其丰富，能够轻易引人发笑。艾芬品会耍小聪明，为了得到想要的东西它会装出一副悲伤的样子。

它非常聪明，也能集中注意力且服从命令。主人可通过玩游戏来训练它，不要对它太过宽容了。

健康状况 / *SANTÉ*

艾芬品是健壮的小型犬，能够很好地适应恶劣天气。它的吻部较短，可能会引起呼吸困难。艾芬品的食量属于正常范围。由于掉毛严重，请每周至少对它进行两次被毛梳理。

该犬种在法国繁育量较少：2013年，法国纯种犬血统名录仅有5个记录在册的相关名额。艾芬品一窝能产下3～5只幼犬。其分娩过程较少会遇到特殊的问题。

艾芬品需要得到主人大量的关怀。它喜欢家庭生活。它吠叫有度，是很好的守卫犬。虽然艾芬品很好动，但是只要每天至少腾出一小时时间带它出去活动，它也能适应楼房的生活。艾芬品不太能和同类相处得来，而且也不太喜欢陌生人。

Bichon à poil frisé
卷毛比熊犬

雄性体长： 27～30厘米
雌性体长： 25～28厘米
雄性体重： 4千克
雌性体重： 3千克
寿命： 15年及以上

我像一簇雪花。能像马戏团的小丑一样逗人开心，也能在出游时守规矩听话。更棒的是，我还不太掉毛。

卷毛比熊犬步态优雅、灵活，性格活泼。它那深色的眼睛极富表现力。尾巴优雅地卷在背上。

灵敏又活泼，这种美妙的小型伴侣犬，全身覆盖着纯白色的毛，毛质纤细、柔软并呈螺旋状卷曲，和蒙古羊的毛很像。

起源 / ORIGINE

卷毛比熊犬很早就出现在人类生活中。在文艺复兴时期的意大利就已经对其有所提及。

在弗朗索瓦一世时期这种犬开始进入法国，又得益于亨利三世的青睐，卷毛比熊犬因此掀起了很大的风潮。西班牙画家弗朗西斯科·戈雅（Goya）将卷毛比熊犬画入多幅作品中，该犬种因此有了较高的知名度。

性格和训练方式 / *CARACTÈRE ET ÉDUCATION*

这种有趣的小型伴侣犬总是散发着欢乐与活力。它们活泼好动，通过憨态可掬的动作来吸引人的注意力。

卷毛比熊犬敏感、温柔、个性十足。如果有什么事情让它感到不愉快，它就会赌气。

卷毛比熊犬很聪明，它能很快明白您想要它做什么，它也很会玩，寓教于乐的训练往往收效良好。

健康状况 / *SANTÉ*

这种小型犬身躯健壮。一般来说，它的胃口比较小。如果您的比熊犬有发胖趋势，可以稍微减少喂食量，并让它尽可能多地活动。

请定期清洁卷毛比熊犬的耳部，防止炎症发生。如果它流眼泪，请小心地用纱布和溶剂擦拭它的眼周，否则棕色的泪痕会把周围的毛弄脏。另外，也不要忘记清洁口鼻部的毛。

卷毛比熊犬容易患上关节疾病，比如髌骨脱臼，需要主人特别注意。

繁育情况

法国和比利时繁殖数量可观。卷毛比熊犬每窝平均诞4只幼犬。

实用信息

无论是小孩还是老人，卷毛比熊犬都能和他们友好相处。它讨厌孤独，喜欢和全家人待在一起。和其他非同类的同伴们也相处得很好，比如猫。卷毛比熊犬活力十足，每天它都需要进行长时间散步并自由奔跑。这位“运动员”往往能在障碍赛跑中表现出色。它非常聪明，能够陪您去任何地方。它很少掉毛。如果您想要保养它的长毛，每周进行两次梳理即可。每个月给它洗一次澡就够了。

Bichon Bolonais
博洛尼亚比熊犬

雄性体长：27～30厘米
雌性体长：25～28厘米
体重：2.5～4千克
寿命：13～14年

我是小巧又尊贵的长毛犬，出入社交场合也能保持仪态。不过我也有活泼的一面，有时也喜欢和其他同伴一起蹦蹦跳跳地玩闹。

博洛尼亚比熊犬是一种体型娇小的伴侣犬，体态方正，拥有一身蓬松顺滑的白色被毛，喜欢与人为伴。它们活泼好动，头脑聪明，双眼有神。

起源 / ORIGINE

博洛尼亚比熊犬在罗马时代就已出现，是一种相当古老的犬种，但确切的起源时间已无从得知。该犬种常见于意大利的博洛尼亚，由此得名。

在文艺复兴时期，博洛尼亚比熊犬一度是欧洲宫廷与上流社会的宠儿。

在意大利画家提香（Titien）、荷兰画家老彼得·勃鲁盖尔（Brueghel de l'Acien）和西班牙画家戈雅（Goya）的画作中，也常见博洛尼亚比熊犬的身影。

性格和训练方式／CARACTÈRE ET ÉDUCATION

博洛尼亚比熊犬非常忠诚，性格温和活泼，喜欢与人亲近，能跟主人和其他家庭成员友好相处好关系。它们平时相当安静，在玩耍时又会变得非常活泼。

它们聪明、温顺，又不失谨慎，因此要驯养一只稳重又温和的博洛尼亚比熊犬并不难。

健康状况／SANTÉ

博洛尼亚比熊犬体格结实，相当健康，部分个体可能会有患上眼部疾病的风险。请多加注意它们的眼部健康状况。此外，它们非常贪吃，请注意控制它们的体重。

实用信息／CÔTÉ PRATIQUE

饲养博洛尼亚比熊犬没有什么难度。它们不需要太多锻炼，只需带它们去散散步或者做做障碍跑就够了。它们能和孩子们打成一片，也能靠稳重的一面获得老人青睐。它们对待陌生人态度友好，也擅长和其他犬类和平共处。博洛尼亚比熊犬体态轻盈、聪明伶俐，可以陪伴您去任何场合。

博洛尼亚比熊犬是优秀的守卫犬，不到必要时刻不会乱叫。在危急时刻，它们也会为了保护您不惜对“敌人”痛下狠嘴。博洛尼亚比熊犬几乎不掉毛，非常干净。

博洛尼亚比熊犬的繁殖没有特殊之处，每一窝的幼崽数量不定。今天，在法国本土已经很少见到这种犬类。法国纯种犬血统名录也仅有15只博洛尼亚比熊犬记录在册。

工具：尼龙猪毛刷一把、疏齿梳一把。

给博洛尼亚比熊犬做毛的护理并不是麻烦事。只要它们的毛看起来没有太乱，那么一周做一次护理就够了。

护理时，不要直接剪掉打结的毛，应该从头到尾把毛梳开、捋顺，耳后、腹部和四肢附近的毛也要照顾到，特别是在换毛季节，这些是容易打结的部位，应该多加注意。

长在它们耳朵里面的毛也要清理。此外，每隔15天要定期修剪夹在肉垫之间的毛。

如果是在城市里饲养，每两个月或是每个月给它们洗一次澡就足够了。注意洗澡之前要先把它们的毛梳顺。

Bichon Havanais
哈瓦那比熊犬

体长：23～27厘米
雄性体重：低于6千克
雌性体重：低于5千克
寿命：13～15年

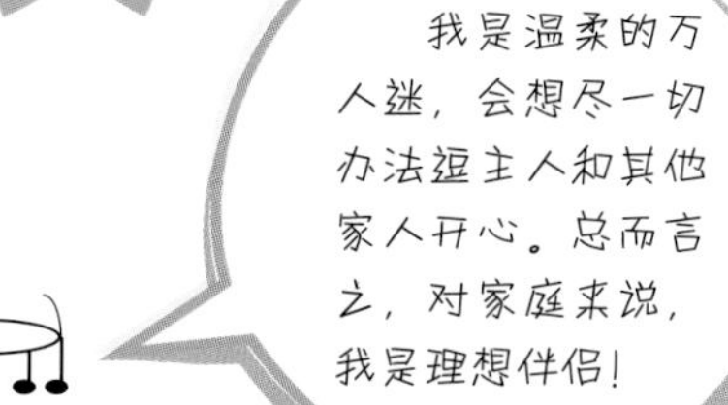

哈瓦那比熊犬高雅，毛柔软，拥有优美的姿态。它的步态有力、灵活，富有活力。它的毛色有淡茶色、浅黄褐色、浅栗色、黑色、黑白色，以及很稀有的纯白色。

起源 / ORIGINE

哈瓦那比熊犬并非如其名那样来源于哈瓦那，而是来源于地中海西部。可能是由西班牙人带入古巴的。在历史上的某个时期，哈瓦那比熊犬差点从这座群岛上消失。多亏一些走私商贩将它运到美国，该品种才得以幸存，之后在1980年代末，哈瓦那比熊犬又途径荷兰来到了欧洲。

性格和训练方式 / CARACTÈRE ET ÉDUCATION

哈瓦那比熊犬充满魅力，它单纯、敏感、

活泼、聪明且善于观察：它喜欢待在家具上，观察周围究竟发生了什么。它非常听主人的话，学东西很快，只要您不对它太过粗暴，就可以很轻松地训练好它。

健康状况／*SANTÉ*

哈瓦那比熊犬身体健壮。尽管如此，该犬种还是可能患上膝关节疾病、眼部疾病或皮肤病，需要主人特别关注。

请定期关注您的哈瓦那比熊犬的眼部健康，因为它有可能会出现轻度发炎症状。还有它的耳朵也需要关注，如果它耳朵的毛太多，您可以进行修剪。哈瓦那比熊犬的食量正常，但某些个体可能会非常贪吃。

实用信息／*CÔTÉ PRATIQUE*

作为家庭犬，哈瓦那比熊犬社交能力很强，和人类、同类及猫都能够和平相处。它们喜欢小孩，喜欢玩耍，但不会过火。

它们吠叫适度，是很好的守卫犬。

哈瓦那比熊犬在家文静，在外却非常活泼。它们喜欢在大自然中奔跑，也喜欢障碍赛跑。

哈瓦那比熊犬的浓密长毛需要进行定期的护理（见下文）。长毛能够防止狗的体温过热。即使如此，在夏天，有些怠于保养的主人还是会把它们的毛剃掉。

通常来说，哈瓦那比熊犬一窝能产3～4只幼犬，但很少有育犬人拥有高质量的品种。在法国，2013年共计有589只哈瓦那比熊犬记录在血统名录上。

工具：疏齿梳一把、密齿梳一把、橡胶金属针梳（无球）一把。每周对长毛梳理2至3次。从爪子开始，然后再梳体侧。让狗背贴地躺下，梳理胸口和腹部的毛。最后再梳头部和尾巴的毛。用密齿梳打理嘴周的毛和胡子。用梳子将打结的毛梳顺。如果难以梳顺，可以借助手指。用密齿梳确认所有结都梳开。一般来说，一个月给它洗一次澡就足够。每次洗澡之前，记得把毛由内向外理顺。

Bichon Maltais
马尔济斯比熊犬

雄性体长：27～30厘米
雌性体长：25～28厘米
体重：3～4千克
存在迷你品种。
寿命：15～16年

优雅又高贵，我是能够和所有人处得来的迷人伴侣犬。

这种小型伴侣犬以其修长的体型为人所熟悉，它身披纯白色长毛，毛顺直柔软，下垂及地。挺拔的脖颈让它看起来非常高贵典雅。马尔济斯比熊犬的双眼炯炯有神，目光如炬。

起源／ ORIGINE

马尔济斯比熊犬的起源非常古老。在公元前450—公元前350年，亚里士多德曾用埃及语和希腊语提到过该犬种。

这种比熊犬的祖先生活在地中海中部的港口和海湾城市。它们捕捉充斥在港口商店和船坞里的老鼠。

在古罗马时期，马尔济斯比熊犬是受妇女喜爱的伴侣犬。在文艺复兴时期，贵族们又对它青睐有加。许多画家将它画进沙龙场景，把它安排在当时的贵妇人身旁。

性格和训练方式 / CARACTÈRE ET ÉDUCATION

极具活力、聪明又谨慎，马尔济斯比熊犬非常爱慕主人，能够盯着主人看上好几个小时。虽然很喜欢玩耍，但它也能在必要的时候保持安静。

敏感，有时多疑，如果马尔济斯比熊犬觉得自己遭到了不平等待遇，它可能会开始低吼。无论是该不该学的东西，它都能学得很快。批评它时请适度（加重语气就够了），当它表现好时请让它知道您很满意。

健康状况 / SANTÉ

表面看起来有点脆弱娇嫩，事实上马尔济斯比熊犬非常健壮。但该犬种

易出现视网膜萎缩和髌骨脱臼的问题，这是需要主人注意的。

由于马尔济斯比熊犬相当贪吃，所以，如果您发现它有发胖趋势，请控制它的饮食。

实用信息 / *CÔTÉ PRATIQUE*

这种小型犬是适合所有年龄段的伴侣犬。即使您非常忙碌，也请每天给予它充分的关怀。

马尔济斯比熊犬是很好的守卫犬，但不常吠叫。它喜欢长时间地散步。

定期用生理盐水清理它眼周的脏污。每周一次用专用洗剂清洁它的耳朵，但不要使用棉签，可用柔软的毛巾。

马尔济斯比熊犬的生育过程不会遇到特殊问题。每窝诞生的幼犬数量不定。目前，马尔济斯比熊犬的数量稳定，法国纯种犬血统名录上记载的数量浮动在700多只上下。

虽然马尔济斯比熊犬不太爱掉毛，但是您也应该每天顺着它的毛进行轻柔的梳理。注意梳开死结，就算要用到手指，也永远不要硬扯，防止把狗狗弄疼。

马尔济斯比熊犬背上有一条纹路将长毛分成两半。您可以用一个小布蝴蝶结把它头顶的长毛夹起来。可以每周给它洗两次澡，使它保持干净整洁。

Border Terrier
边境梗

雄性体长：36～40厘米
雌性体长：33～35厘米
雄性体重：3.9～7.1千克
雌性体重：5.1～6.4千克
寿命：13～15年

边境梗体型小巧，身姿敏捷，这种小型梗犬的脑袋非常有特色，有点像水獭。边境梗外层毛坚密，内层绒毛柔软、短密且茂盛，毛色有红色、小麦色、灰白色、红色或蓝色（从浅灰色到浅黑的灰色）还有红色（从黄色到红色）。今天，边境梗作为伴侣犬越来越受欢迎。

起源 / *ORIGINE*

这是一种非常古老的犬种，是工作梗的后代，发源于英国北部，更确切地说，发源于苏格兰边境地区。从19世纪初起，边境犬就经常出没于农业集市和展览会中。直到1920年，边境犬才得到英国养犬俱乐部（Kennel Club）的承认。

性格和训练方式 / *CARACTÈRE ET ÉDUCATION*

活泼又友善，边境梗性格很好。它比大部分梗犬都要聪明得多。但如果您惩罚它，它会赌气。它能和全家人保持亲密，尤其爱粘着您。因为边境梗会尝试讨您欢心，所以您能够轻松训练它。

健康状况 / *SANTÉ*

边境梗非常粗犷健壮。该犬种不容易患上特殊疾病，除了对面筋过敏。有些个体非常贪吃，也会偷食，需要主人给予关注。

实用信息 / CÔTÉ PRATIQUE / CÔTÉ PRATIQUE

在公寓里，边境梗安静、很少吵闹。它外出时，精力充沛，需要长时间的散步和自由奔跑。拥有充足的活力和耐力。边境梗甚至能够追在奔驰的马后面跑。它也会戏水。

边境梗喜欢和小孩玩耍。它社交能力很强，并不是真正意义上的守卫犬。边境梗是被培育出来追捕野猪的，所以它咬合能力很强并且喜欢啃咬东西，任何玩具都经不住它折腾。

它充满勇气，面对比自己个头大的同类也会毫不犹豫地上前打斗。

边境梗的分娩不会出现特别的问题。每窝的幼犬数量各有不同：少则1只，多则十几只，平均数为5~6只。在法国，边境梗的数量在有序上升。2013年记载在法国纯种犬血统名录的边境梗数量为532只，而2012年仅有400只。

工具：橡胶金属针梳一把、修胡须曲剪一把。边境梗没有换毛季。当它的毛长到4~5厘米时，您最好可以用手指给它拔毛。只需拔外层毛。从背部开始拔，还有尾巴、体侧及臀部。不要把尾部的毛拔到“光秃秃”，脑袋的毛也是，要留住狗狗本来的面相。

除了拔毛以外，每周进行一次毛的梳理即可。

Boston Terrier Miniature

波士顿梗

没有人能抗拒我忧郁的眼神。被我迷住的人就等着和我一起共寝，并在我的鼾声中进入梦乡呢。

体长：25～40厘米
体重：低于6.8千克
寿命：12～15年

波士顿梗步态优雅自在，同时也表现出一种充满力量的形象。波士顿梗身体呈方形，线条流畅、和谐，它的头部以棱角分明和平头顶为特色。它那对深邃的大圆眼睛温柔又充满活力。波士顿梗的被毛短、平滑有光泽，毛色为“海豹”色（红棕色光泽的黑毛）或黑色带有均匀分布的白点。

起源 / ORIGINE

大约在1865年，波士顿梗在波士顿被培育出来。最初被命名为“Round Head”（圆头犬）或“波士顿牛斗犬”，波士顿梗在那时主要被用于斗犬用途。1893年，波士顿梗得到了美国养犬俱乐部（Kennel Club）的承认。自此，波士顿梗成为了伴侣犬，培育者们纷纷改良其品种，降低了它的进攻性。到了20世纪20年代，波士顿梗在美国大受欢迎，参赛场上有20%～30%的选手都是波士顿梗。

性格和训练方式 / CARACTÈRE ET ÉDUCATION

聪明、与人亲近、温顺又极其忠诚，并且具有某种幽默感，波士顿梗是日常生活中极佳的伴侣。它充满活力，行动敏捷。

波士顿梗理解能力强，对语调变化尤其敏感。通过它喜欢的游戏来训练它，事情会变得特别简单。

健康状况 / SANTÉ

健壮的波士顿梗不喜欢寒冷，也害怕炎热。它容易患上髌骨脱臼、幼年白内障，请定期对它进行眼部清洁，防止发炎。

波士顿梗食量不大，也不易发胖。

实用信息 / CÔTÉ PRATIQUE

波士顿梗在楼房里非常安静，它喜欢舒适的环境。冬天，波士顿梗怕冷，会紧挨着主人。通常来说，它能和同类及其他动物友好相处。它也喜欢和小孩玩耍。波士顿梗是一位总是做好捡球准备的积极分子。它不会叫个不停，是很好的守卫犬。

波士顿梗的护理非常简单：每周进行一次毛发梳理即可。它很少掉毛。尽管如此，还是要经常性地用橡胶手套给它按摩，好让旧毛脱落，让它的被毛焕发光泽。

每窝幼犬的数量不一，1～6只都有可能。波士顿梗分娩时会遇到困难，80%的情况需要进行剖腹产手术。2013年，法国纯种犬血统名录有645只波士顿梗记录在册。

受欢迎的狗狗 / *UN CHIEN MADE IN USA*

波士顿梗因起源地和性格拥有“美国绅士”的外号，在法国，波士顿梗越来越受欢迎，数量也在稳定增长。根据体重，可以将波士顿梗分成三类：

- 少于6.8千克
- 6.8～9千克
- 9～11.35千克

Bouledogue Francais
法国斗牛犬

体长：28～35厘米
体重：8～14千克
寿命：12～13年

有人这么形容我：法国斗牛犬只喜欢一种“动物”——那就是人类。我确实发自真心地爱我的主人及其家人。

这种迷你犬体型虽小，身材却紧实且肌肉发达，给人一种充满力量和活力的感觉。法国斗牛犬极具魅力，短小的面部、小又扁平的鼻子、有神又充满活力的圆眼睛有点像人类，它还有灵活的立耳。它的毛短而密、富有光泽又柔滑。法国斗牛犬的被毛为深浅程度不同的黄褐色，可能有斑点也可能没有，以及一些杂色。它的被毛还会呈现鹌鹑色，鹌鹑色是指白底，混有浅黄和黑色斑点的颜色。在法国，随着一则汽车广告的播出，法国斗牛犬突然受到了人们的喜爱。从那以来，它拥有了越来越多的“粉丝”。

起源 / ORIGINE

法国斗牛犬的祖先最早可以追溯到罗马帝国时期的獒犬，它是英国斗牛犬的直系后代。1848年，英国斗牛犬来到法国，获得了许多人的喜爱。1880年代，培育者将英国斗牛犬与其他梗犬配种，得到了今天的法国斗牛犬。第一个法国斗牛犬俱乐部成立于1888年。

在巴黎，肉店老板和酒商将该犬种用于捕鼠和看门，另外它也是马车夫的好伴侣。20世纪初，斗牛犬更是成为了更受欢迎的伴侣犬。它首先被艺术家们所收养，然后是中产阶级。自此，饲养法国斗牛犬的风潮持续至今。

性格和训练方式 / CARACTÈRE ET ÉDUCATION

法国斗牛犬以其好性格出名。它非常温顺、感性和专一。它是寸步不离主人的“跟屁虫”。由于法国斗牛犬有领导主人的倾向，所以请尽早教它学会服从，态度要坚定，但不要打它。

健康状况 / SANTÉ

法国斗牛犬有两处弱点：当它用力或天气热的时候会很快变得气喘吁吁；另外，它还容易椎间盘突出，请避免让它跳上跳下和爬楼梯。

法国斗牛犬贪食一切，特别是水果和蔬菜，需要主人特别关注。

繁育情况

法国斗牛犬一窝平均能诞下4或5只幼犬，经常需要进行剖腹产手术。2013年，法国纯种犬血统名录有6 504条法国斗牛犬记录在册。

实用信息

法国斗牛犬能完全适应楼房的生活。它可能会发出很大的呼噜声。它喜欢和小孩玩耍。虽然法国斗牛犬很少吠叫，但它是很好的守卫犬。法国斗牛犬充满运动细胞，它需要消耗精力。在出门时，请给它戴上不会勒到脖子的牵引绳。它很怕热，当天气过热时，它会感到不舒服。它水性极差，如果落入水中，它会有淹死的危险。为了它的健康，请每周用橡胶手套对它做一次毛的梳理。定期检查眼周和耳部。虽然毛很浓密，但法国斗牛犬就算全身湿透也不会发出难闻的气味。

Bull Terrier Miniature
迷你斗牛梗

当我的祖先们在斗兽场战斗的时候，人们把它们称为“犬斗士”。如今，我是温柔的伴侣犬，我因为独特的外形而收获了一批追随者。

体长：小于35.5厘米
体重：11～15千克
寿命：12～13年

迷你斗牛梗头部呈椭圆形，眼睛小且位置有点斜，眼神幽深，它特别的体型令它十分惹眼。肌肉发达的迷你斗牛梗给人一种沉稳而有力量的感觉。

迷你斗牛梗被毛短、有光泽且坚硬，毛色呈纯白色，或白色带浅黄杂色，或白色带斑点。在法国，该犬种有许多“粉丝”。

起源 / *ORIGINE*

该犬种为典型的英国犬种，大约在1830年由斗牛犬和梗犬配种而来，使它具备了灵活和迅捷的特点。但我们无法全部了解与今日我们所见的迷你斗牛梗有关的所有祖先。

在得到正式承认之前的很长一段时间内，迷你斗牛梗被用于斗熊和斗牛。1835年，英国议会决定禁止这种比赛。这一决定导致了斗牛犬的陨落，到了第一次世界大战结束之际，它甚至面临消亡危险。

大部分迷你斗牛梗的毛色为白色，而这种毛色通常意味着它们会患上先

天性耳聋。为了改善这种情况，人们会挑选有杂色的个体进行配种。

1943年，迷你斗牛梗在法国得到承认，今天它已不再有其祖先的进攻性，完全成为伴侣犬。

性格和训练方式／ CARACTÈRE ET ÉDUCATION

迷你斗牛梗喜欢自己的主人及其家人，是十足的“狗皮膏药”。热情又滑稽，迷你斗牛梗个性十足，并且有时候有点固执。

要想训练它，您得制定清晰的规则，并且要用到奖励和激励手段：这能让您和它建立一种默契关系。

健康状况 / *SANTÉ*

迷你斗牛梗健壮，很少生病，但也还是有患病的风险：视网膜剥离，并且纯白色个体易患耳聋。请定期检查它的耳部，每个月清理一次。

因为迷你斗牛梗会消耗大量热量，所以它的胃口很大。

迷你斗牛梗的分娩并不容易。由于幼犬的头骨较大，所以经常需要借助剖腹产手术。每窝诞生的幼犬数量平均在5～6只。2013年，法国纯种犬血统名录记载了201只迷你斗牛梗。

这种小型犬喜欢人类，虽然在外人面前它有时会表现得比较内敛。另外，它并不总是表现得像只守卫犬一样。请避免让雄性个体群居，避免它们互相打斗。还要注意的是，它们并不总能和同类好好相处。

充满活力的迷你斗牛梗喜欢玩耍，特别是和小孩玩耍；它生性敏感，所以不能长时间独处。迷你斗牛梗喜欢长时间待在自己的窝里，但充满运动活力的它也需要进行长时间的散步和自由奔跑。

Cairn Terrier
凯恩梗

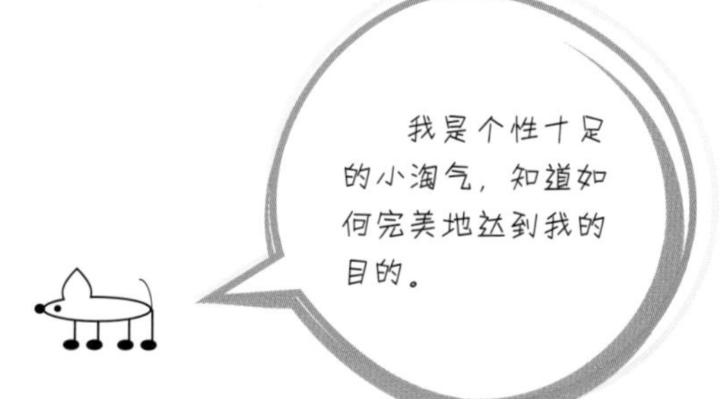

体长：28～31厘米
体重：6～8千克
寿命：14～18年

在所有梗犬品种中，凯恩梗是最古老且变化最小的犬种。它们长相质朴、毛发蓬乱、步态轻盈、带着一丝调皮，热情似火。双耳较小且直立，三角形分布的胡须让它看起来有点像狐狸。它的被毛浓密，内层绒毛丰满。被毛有淡茶色、奶油色（甚至有红色）、灰色、深灰色和花白色。

起源 / *ORIGINE*

17世纪时，凯恩梗已经在其发源地苏格兰很常见了，这种小型梗犬被用于追捕野兔。它的名字来源于凯尔特词汇cairn（发音同“凯恩”），意为躲藏在乱石堆里的猎物。

凯恩梗第一次进入法国是在1930年。今天它们作为伴侣犬，正变得越来越受欢迎。

性格和训练方式 / *CARACTÈRE ET ÉDUCATION*

快活、热情、快乐、充满活力且意志坚定，凯恩梗是迷人的伴侣犬，性格稳重。

这种聪明、机灵又果敢的小型犬能很快学会听从指令。请用坚定的态度训练它，最好能辅以游戏形式。此外，请保持警惕。它会拐弯抹角地触碰禁令。

健康状况 / *SANTÉ*

质朴的凯恩梗一般都很健壮，很少生病。

尽管如此，它们还是会患上髌骨脱臼、颅颌骨骨病（CMO），这种疾病会影响颌骨，妨碍咬合。病症会在5～7个月大的时候开始出现，可以通过医学检查来预防这种疾病。凯恩梗十分贪吃，要多注意它的体重。

实用信息 / *CÔTÉ PRATIQUE*

凯恩梗善于社交、没有攻击性，喜欢逗人开心，可以扮演好心理压力辅导员的角色。虽然它是为了捕猎需要而被培育出来的，但是凯恩梗有很强的适应能力，只要能满足每日较长时间散步的需求，它就能完美地适应楼房生活。要看管好凯恩梗，因为它很容易离家出走。另外，它拥有出色的捕鼠能力。

凯恩梗能和其他动物友好相处，也能和老人以及文静的小孩和谐相处。

凯恩梗不太掉毛。要想让它的被毛保持健康，每周梳理一次就足够了。

凯恩梗的分娩不会出现任何特殊问题。尽管如此，平均每10次分娩中，还是会碰上1次需要进行剖腹产手术的情况。每窝幼犬的数量不同一般有1～6只，或者更多。2013年，有1 252只凯恩梗被记录在法国纯种犬血统名录上。

工具：疏齿梳一把、密齿梳一把、针梳一把、直剪一把、锯齿剪一把、拔毛刀一把。但是这一护理工作中最重要的工具是您的手指！开始时顺着逆毛方向梳理：从尾巴梳到头部，从腿部梳到身体，从腹部梳到背部。之后再次开始梳毛，不过这次要顺着毛的方向梳理，并且要注意除掉打结的毛。

给背部除毛，让毛变得顺直，往体侧、肩部和大腿方向逐渐打薄，把前腿和臀部的毛也剪短，这样能让狗的身形看起来更有棱角。剪短耳毛，让耳朵露出三角形的形状。头部要修得圆一些，尾巴则要修成胡萝卜形状。用剪刀修剪肉垫间的杂毛，让爪子看起来更圆润些。在修剪时应该首先注意把凯恩梗标志性的质朴气息保留下来。

无论如何，不要把凯恩梗的毛剃光，因为它的毛纹理会因此被破坏并且无法复原。要让凯恩梗的毛保持坚硬，就尽量少给它洗澡，并且需要使用特殊的宠物专用沐浴露。

Caniches Nain et Toy
迷你贵宾犬和玩具贵宾犬

我拥有"世界上最聪明且最有名的狗"这一美誉。如果您想要让我高兴，就不要教我扮滑稽模样，请带我去池塘里游泳吧！

玩具贵宾犬体长：24～28厘米
迷你贵宾犬体长：28～35厘米
玩具贵宾犬体重：3～5千克
迷你贵宾犬体重：4～6千克
寿命：15～17年

贵宾犬按照体型可分为五种：巨型贵宾犬、标准型贵宾犬、小型贵宾犬、迷你贵宾犬和玩具贵宾犬。它们是长着长长下垂耳的卷毛犬种，以其高雅的气质和细碎轻快的步态为标志。卷曲毛质的贵宾犬被毛旺盛、细密、蓬松且富有弹性。厚重又浓密的被毛卷成大小相同的球状。贵宾犬被毛为绳索毛质，且旺盛、细密、蓬松且紧致。随着生长，它们独特的绳状毛会越来越长。两种贵宾犬的毛色都是一样的：黑色、白色、栗色、灰色或杏色。它作为伴侣犬的热度从未消减过。今天，贵宾犬仍然非常受欢迎。

起源 / *ORIGINE*

贵宾犬的祖先是欧洲南部的巴贝犬，巴贝犬可能来自北非且长期被误认为是贵宾犬。在拿破仑时期，近卫队老兵所喜爱的犬种和贵宾犬很相似，也被叫做巴贝犬。

在最初，巴贝犬的一部分祖先是用来看管羊群的，而其他一部分则被用于追捕水里的猎物，并

且为了提高捕猎效率而被剃了毛。“贵宾犬”这个名字，被赋予了后者，词源于“canichon[①]”，是一个法语旧词，意为幼年鸭子。

最早的贵宾犬画作收录要追溯到中世纪。从15世纪开始，贵宾犬就成为了颇受欢迎的伴侣犬。我们可以在画家波提切利（Botticelli）和丢勒（生活于15至16世纪）的画作中找到贵宾犬的身影。

该犬种被慢慢地培育成迷你体型。路易十五十分喜爱迷你贵宾犬，并且这一时期所有的宫廷贵妇们人手一只。此外，两种小型贵宾犬即迷你贵宾犬和玩具贵宾犬的选育也是因为这位君主的喜好推动。

性格和训练方式／*CARACTÈRE ET ÉDUCATION*

贵宾犬温和，喜欢得到爱抚，热情、忠诚，有时候还会对主人表现出占有欲。贵宾犬非常警觉，也很爱玩，总是处于活动状态之中。它们有点爱出风头，也爱讨人欢心。贵宾犬非常聪明且善于观察，它能通过思考解决很多难题。它的训练不会给您带来什么麻烦。它喜欢逗您开心，也享受得到奖励。

---

① 译者注：贵宾犬在法语中对应词汇为“caniche”。

不幸的是，它强大的学习能力有可能让它沦为马戏团中表演算数的小丑。

健康状况 / *SANTÉ*

贵宾犬十分健壮，寿命可超过17年。但是它易得皮肤病，而且小型贵宾犬可能会出现骨质疏松症状。

此外，您还需要多关注贵宾犬的耳部和牙齿健康。它的胃口不大，食量适中。

实用信息 / CÔTÉ PRATIQUE

贵宾犬非常好相处，对于家庭来说它是理想的伴侣犬。善于社交，贵宾犬没有攻击性，能跟人类和同类友好共处。它会吠叫，是很好的守卫犬，但杏色贵宾犬比起其他毛色的贵宾犬要更加吵闹一些，请尽早教它学会保持安静。即使是小型贵宾犬也喜欢散步，但是请注意不要让它活动过度。

繁育情况

贵宾犬的分娩通常来说没有问题，但是部分体型过小的个体可能会遇到困难。每窝幼犬的数量不一，大多为2～12只。2013年，法国纯种犬血统名录上有1 332只贵宾犬记录在册。

毛的护理

贵宾犬不太爱掉毛。请用金属梳子轻柔地进行梳理，防止毛打结，然后再仔细打理，防止毛缠绕成堆，每周护理两次。每个月最多给它洗一次澡。

要让贵宾犬的毛保持光鲜亮丽，修剪是必不可少的。如果您想要把您的贵宾犬修剪成时下正流行的“绵羊”模样，那么每2～3个月带它做一次修剪就够了。要想把它修剪成“狮子”的样子，请您先去一趟美容店请专业人士“操刀”，这之后如果您觉得自己能够胜任这项任务，可以借助专业推剪机自己动手给狗狗修剪。

给绳索毛质的贵宾犬做毛的护理耗时长且烦琐。通过把毛分开，将每一束绳状毛区分开来，这项工作需要手工完成。给这种毛质的贵宾犬洗澡，只是将它的毛全部浸湿都要费上很长时间。冲洗和烘干过程也同样费时。

Carlin
八哥犬

我魅力十足，享受生活，每天都很快活。我喜欢什么？当然是一整天都受到主人的爱抚啦。

雄性体长：30～40厘米
体重：6.5～8千克
雌性比雄性体型略大
寿命：13～15年

八哥犬圆脑袋上都是褶子，眼睛充满了活力和温情，它还有个外号叫“哈巴狗”，口鼻扁平呈黑色，好像一副正在沉思的严肃模样。这种小型犬身材矮胖，被毛短密有光泽，毛色有银色、杏色、浅黄褐色或黑色。

起源 / *ORIGINE*

八哥犬来自中国北方，大约3 000年前就已经被人所熟知。荷兰奥兰治王朝的统治者们是欧洲第一批拥有八哥犬的人。1689年，威廉三世统治英国时，八哥犬在贵族阶级风靡一时。

在法国，八哥犬曾是宫廷贵妇们的伴侣犬。昂基安公爵（Enghien）养过一条名为莫里霍夫（Molihoff）的八哥犬，人们将其作为表达犬类忠诚的感人例子。在1804年公爵去世之际，它守在主人墓碑前撕心裂肺地号叫，在寒冷当中就这样持续了好几天。最后它被一位贵族收养，在那里度过了它生命中余下的日子。温莎公爵（Windsor）的夫人华里丝·辛普森（Wallis Simpson）对八哥犬喜爱有加。该犬种因此在上流社会受到追捧。

性格和训练方式 / *CARACTÈRE ET ÉDUCATION*

八哥犬十分敏感。它对主人怀有满溢的爱，如果它发出低吼，那情况可不妙。

八哥犬特别聪明、活泼，还会逗人开心。您需要多花时间陪伴它，否则它就会生气。

通过奖赏机制对它进行训练很简单，但注意不要用强制的手段来训练它，否则它会出现叛逆倾向。

健康状况 / *SANTÉ*

八哥犬身体健壮，但由于其口鼻部短且扁平，它可能会出现呼吸系统问题，也因此对高温非常敏感。不要让您的八哥犬运动过度，尤其是天气特别冷或特别热的时候，否则它可能会出现严重的喘气情况。如果它的鼻腔上颚阻塞了呼吸道，可能会有窒息风险，甚至会导致昏迷。

另外，八哥犬的关节很脆弱，主人要注意保护。

请定期清理八哥犬的眼部，防止发炎。也要对它口鼻部的褶皱进行清洁并保持其干燥，以防出现皮肤病变。

八哥犬永远吃不饱，十分贪吃。请注意它的体重变化。

实用信息 / *CÔTÉ PRATIQUE*

八哥犬会打鼾，尤其是在睡觉的时候，它会发出呼噜声。甚至有时候它还会发出一种猫叫似的呜咽声。

八哥犬十分善于社交，能和同类以及猫和平共处。它喜欢小孩，也喜欢和小孩一起玩。它有时候面对外人可能会表现得有点拘束，但它也不会攻击外人。八哥犬并不是守卫犬，一般来说，它很少吠叫。

八哥犬喜欢在窝里睡觉，不太爱运动，但它还是很享受每日的外出散步活动。对于游泳，它不太在行。

您可以带着八哥犬一同出游，不会有任何问题，但是请避免带它乘坐飞机，因为八哥犬在飞机上可能会呼吸困难。

八哥犬的毛护理起来十分简单。请经常对它进行梳理。每年洗一次澡就足够了。

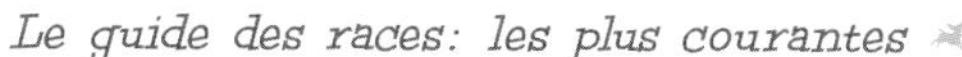

艺术中的八哥犬 / LE CARLIN DANS L'ART

我们可以在画作中找到不计其数的八哥犬，首先是在它的起源地中国，八哥犬经常被雕刻在精细的黄金或玉制品上。在英国，著名画家威廉·贺加斯（William Hogarth）不会错过任何一个可以把八哥犬收入画中的机会。在西班牙，画家戈雅大约于1786年所创作的《庞忒霍斯侯爵夫人（The Marquesa de Pentejos）》中，侯爵夫人身边就有八哥犬的陪伴。在17世纪40年代，八哥犬在德国大受追捧，它受喜爱程度热烈到迈森瓷器（Meissen）都制作了许多以八哥犬为模型的瓷器，有时候还会为瓷器加上镀金青铜底座。

繁育情况

八哥犬的分娩通常需要进行剖腹产手术。每窝幼犬的数量相差极大：少则1只，多则8只以上。在法国，近十几年来，八哥犬的数量在稳步增长。2013年，法国纯种犬血统名录上有1 317只八哥犬记录在册。

Cavalier King Charles
骑士查理王猎犬

雄性体长：25～34厘米
雌性体长：25～32厘米
体重：5.4～8千克
寿命：12～13年，有些个体能活18年

我热爱生活，会用快速摇尾巴的方式来表达我的快乐。

优雅、高贵，身材匀称，这种长毛垂耳犬的步态轻盈高雅。它的大圆眼映出非常温柔的目光。它的长毛丝滑，耳朵上装点着长长的穗毛。它的尾巴线条优美。骑士查理王猎犬的毛色很多样化，有黑红色、红宝石色、红棕色（黑底带鲜褐色斑点）或三色（黑白红）。

起源 / ORIGINE

第一批迷你长毛垂耳狗在16世纪出现在苏格兰。从这时起，这种小型犬就成了英国皇室的宠儿。“骑士查理王猎犬”这一名字来源于查理二世，这位国王养了许多迷你长毛垂耳狗并与它们形影不离。在19世纪20年代，该犬种经过多次配种改良，最终才得到和19世纪埃德温·蓝德希尔画家笔下一样的模样。骑士查理王猎犬是在1975年进入法国人的生活中的。

性格和训练方式 / CARACTÈRE ET ÉDUCATION

骑士查理王猎犬非常友善、敏感、温柔、文静，也很好养活。它十分擅长摆出一副无辜眼神，也不吝表现出友好态度。只要您对它稍微好一些，它就会非常高兴了。

健康状况 / SANTÉ

骑士查理王猎犬身体健壮，但是在天气寒冷潮湿的时候，请不要带它出门活动太久。骑士查理王猎犬的眼睛容易流泪，请定期检查它的眼部和耳部，以防感染。

骑士查理王猎犬容易患上心脏病，可以通过超声波进行检查，以及髌骨脱臼。

骑士查理王猎犬十分贪吃，请随时关注它的体重。

实用信息 / CÔTÉ PRATIQUE

骑士查理王猎犬能很好地适应楼房生活。可以多养一条狗（或一只猫）来陪伴它度过寂寞时光。它能和小孩嬉戏，也能安静陪在老人身边。

这种长毛垂耳犬活泼且精力充沛，充满运动细胞。作为捕鸟爱好者，骑士查理王猎犬从未在捕猎中失手。另外，它一点也不爱吠叫。

通常来说，这种猎犬分娩不会遇到困难。每窝幼犬的数量平均为3～5只。虽然骑士查理王猎犬并不算热门犬，但是其繁育情况良好，2013的法国纯种犬血统名录还是有7 547条该犬种被记录在册。

工具：鬃毛刷或猪毛刷一把、疏齿梳一把。

先用刷子刷骑士查理王小猎犬的毛后再用梳子梳理，每周护理两次，防止毛打结，尤其是在您带它去过森林之后。大概每个月给它洗一次澡。只需要修剪它肉垫之间和脚掌周围的毛，有需要的话，可以将它的耳朵根部的毛修圆。

Chien Chinois à Crête Nu et Houppette

中国冠毛犬（无毛种和有毛种）

体长：23～33厘米
体重：少于5.5千克
寿命：15～16年

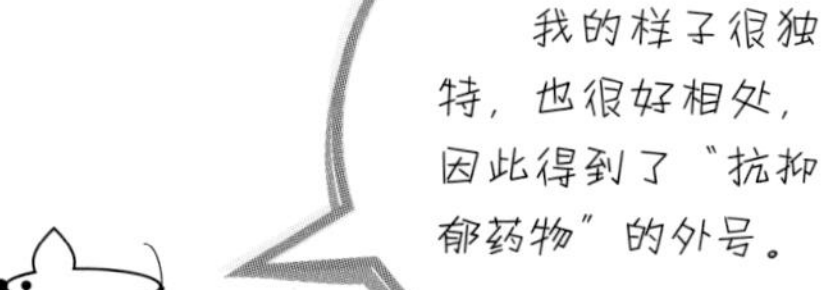

这种优雅的小型犬充满活力，步态优美轻盈。无毛的品种只有头部、爪子和尾部长毛。有毛的品种则被毛细密，十分高雅，给人一种身披网纱的感觉。任何毛色都能在这种犬（有毛种）身上出现。今天，该犬种在美国、英国和法国都拥有相当多的数量。

起源 / ORIGINE

中国冠毛犬的起源模糊且久远。该犬种是自然演化而来，曾同时存在于埃及和北非。之后无毛品种进入中国被皇室饲养，成了清朝（1644—1911）达官贵人们的宠儿。等风潮过去之后，它被用于消灭商船上的鼠害。作为海上贸易的“货币”，中国冠毛犬的足迹遍布全世界，尤其是在墨西哥，它可能还是某些当地犬种的祖先。

性格和训练方式 / *CARACTÈRE ET ÉDUCATION*

中国冠毛犬十分敏感、热情友好，总是做好讨人欢心的准备。它们个性十足并且不管是无毛品种还是有毛品种都精力旺盛。有毛品种比起无毛品种没有那么“个人”主义，无毛品种有时喜欢出风头。作为出色的伴侣犬，中国冠毛犬喜欢时刻陪伴着主人，不过它并不会过于黏人。雄性甚至比雌性更加友善。在训练方面，只要您不要太过粗鲁，就不会遇到什么问题。

健康状况 / *SANTÉ*

中国冠毛犬质朴健壮。有些个体可能会患上髌骨脱臼或眼部问题。无毛品种的牙齿很脆弱，且有时会脱落，所以需要给予特别关注。

中国冠毛犬十分贪吃。幸运的是，它喜欢运动，而且它的体型也不会导致肥胖问题。

实用信息 / *CÔTÉ PRATIQUE*

中国冠毛犬喜欢舒适的环境，动静皆宜，既喜欢懒洋洋地待在窝里，也同样喜欢运动，极具障碍赛跑天赋。它爱玩，因此也能陪伴小孩。它能和其他动物友好相处。但面对外人时它会表现得有些内敛。另外，中国冠毛犬还是一种优秀的警卫犬。

有毛品种不太爱掉毛。每周进行两次毛的梳理就可以完成保养工作。您可以使用宠物专用沐浴产品给它洗澡。

无毛品种的皮肤要好好护理，需要用橡胶刷具按摩，洗完澡之后再涂抹护肤乳膏。您可以为它涂抹防晒乳膏来保护它的皮肤不受太阳荼毒。

中国冠毛犬是小型活体“热水袋”，用来暖手和暖身子非常舒服。

繁育情况

中国冠毛犬的分娩不会遇到特殊问题。每窝幼犬的数量平均为4或5只。将无毛种和有毛种杂交可以得到无毛种和有毛种，并且能够提高无毛种的牙齿质量。2013年，法国纯种犬血统名录有399只中国冠毛犬记录在册。

Chien Nu du Pérou
秘鲁无毛犬

我没有毛，所以从来不招跳蚤。对于易过敏人群来说，这可是相当理想的事情。

体长： 25～40厘米
体重： 4～8千克
寿命： 14～15年

这种小型犬也叫“秘鲁人”，全身无毛，优雅、苗条，是一位迷你型运动选手。秘鲁无毛犬的牙几乎没有长齐的时候。它的毛色有黑色、灰色、深栗色或浅金色，可带玫红色斑点也可不带。秘鲁无毛犬的皮肤紧致、光滑有弹性，但头部的皮肤有些许褶皱。

秘鲁无毛犬还有一种有毛品种，得到了法国中央养犬协会（SCC）的承认。还有一种中等体型（体长40～59厘米）和巨型（体长50～65厘米）的品种。秘鲁无毛犬在20世纪差点销声匿迹，如今在世界上分布数量也相当稀少。

性格和训练方式／ *CARACTÈRE ET ÉDUCATION*

秘鲁无毛犬活泼聪明，温柔又友好。它亲近主人及其家人，分享他们的喜怒哀乐。秘鲁无毛犬是一种好相处且听话的伴侣犬，也相当有个性。只要您能用坚定但又不失温柔的态度对待它，训练就不会有什么困难。

健康状况／ *SANTÉ*

秘鲁无毛犬这种古老的犬种身体强健。它不惧怕高温，但遇到严寒天气时它需要尽量保持不动，为了促进血液循环并保持体温，它会开始颤抖。所以请给它

盖上一块毯子。但如果它运动过，那就不需要毯子了。

高质量的工业食品中含有它所需的营养元素，只要合理喂养就不会有大问题。秘鲁无毛犬胃口很好，虽然吃得不少，但是它的体型使得它不易发胖。

实用信息 / *CÔTÉ PRATIQUE*

秘鲁无毛犬非常喜欢楼房里舒适又温暖的环境。它的行为有点像猫，会待在椅子上观察发生的一切事情。

秘鲁无毛犬喜欢运动，当它在大自然中奔跑的时候，速度完全能赶上猎兔犬。它不太在意陌生人，但却是很好的守卫犬，哪怕一点可疑的声音也能引起它的警戒。

秘鲁无毛犬很安静，能和猫以及其他动物和平共处。它喜欢群居生活。它是孩子们的好朋友，可以保护他们并陪伴他们玩耍。

秘鲁无毛犬的厚皮肤不怕刺。您可以每个月给它洗一次澡，很轻松，因为它喜欢水。在冬天，请每隔 3 ~ 4 天给它涂抹一层护肤乳膏，夏天则每天都需要涂。

迁徙之谜 / LES MYSTÈRES D'UNE MIGRATION

关于秘鲁无毛犬的起源有许多说法。有些专家认为，这种无毛犬是在石器时代从亚洲出发经过白令海峡登陆到美洲的。有些专家则认为它们是在秘鲁总统拉蒙·卡斯蒂利亚（Ramón Castilla）先生颁布废除奴隶制条令的不久之后，也就是19世纪末中国人移民时带入秘鲁的。而其他研究者认为秘鲁无毛犬应该来自非洲，是和游客一起回到南美的。但有一件事情是确定的，那就是秘鲁无毛犬从很久以前就开始在秘鲁这个国家生活了，因为在5至7世纪的前哥伦布时期，不同文明（查文文化（Chavin）、奇穆文化（Chimù）、钱凯文化（Chancay）、维克斯文化（Vicùs））的瓷器上都可以看到它的身影。由印加人培育的秘鲁无毛犬曾是特快信使的伴侣。只有贵族才有权利拥有该犬种。每到晚上，平民都要把自己的狗关进家里，好把大街小巷留给无毛犬。这是为了防止无毛犬和其他有毛犬种杂交。在白天，无毛犬会被关在城堡里的兰花窝棚中，以防被太阳晒伤。这一做法为秘鲁无毛犬衍生出了极具诗意的外号：印加兰花犬。

秘鲁无毛犬的分娩不会有特殊问题。每窝幼犬的数量平均为6只。在法国培育该犬种的犬舍不多，要想迎接一只小秘鲁无毛犬可得耐心等待。这种情况可以说是令人遗憾的，因为秘鲁无毛犬是非常出色的犬种。2013年，法国纯种犬血统名录记载了81只秘鲁无毛犬。比起其他犬种，比如数量能达6 000只以上的法国斗牛犬来说，这个数字相当稀少。

Chihuahua
吉娃娃

雄性体长：18～20厘米
雌性体长：16～18厘米
体重：500克～1.5千克
寿命：15～20年

作为今天的风尚宠儿，我是全世界最小也最古老的品种犬。又小又轻，人们可以把我装进小包里。

吉娃娃这种迷你犬优雅、身材匀称，因其极具特色的好似苹果的脑袋和大大的立耳而家喻户晓。它的眼睛又大又圆，没有过分凸出，非常有表现力。吉娃娃的口鼻部不长。它的被毛有长有短，细密且丝滑，允许出现任何毛色和任何花色。

起源 / ORIGINE

吉娃娃的名字来源于墨西哥最大的州奇瓦瓦州，经历过南美最古老的文明。阿兹提克人将其奉为神物，这注定了吉娃娃会有悲惨的命运。传说吉娃娃能够在人类最后一段路程上指引灵魂，所以它会成为主人的陪葬品，陪主人一起下葬。

19世纪，美国游客将第一批

吉娃娃带回了自己的国家。等到第二次世界大战结束之际，吉娃娃才登陆欧洲。

性格和训练方式 / *CARACTÈRE ET ÉDUCATION*

吉娃娃非常爱慕主人，是忠诚模范，但这并不影响吉娃娃拥有独立的个

性且能和其他人类相处。吉娃娃十分活泼、好动、爱玩，有时还很淘气，和它在一起您永远不会感到无趣。吉娃娃非常聪明、充满好奇心、好学，但是因为它个性强，所以您需要用严肃的态度训练它，注意不要太过宠溺它。

健康状况／ *SANTÉ*

吉娃娃体型虽小却相当健壮，不会遇到特殊的健康问题。

您可以适度地给它投喂商品狗粮，这个贪吃鬼很容易发胖，所以不要给它吃得太多。如果它有压力或过度饥饿，可能会有低血糖的风险。

该犬种的分娩很困难，经常需要进行剖腹产手术。一般来说，每窝幼犬的数量为2或3只。因为吉娃娃非常热门，所以在选狗的时候请务必选择正规犬舍，以防买到有瑕疵的个体。2013年，法国纯种犬血统名录上有6 411只吉娃娃被记录在册。

吉娃娃非常好相处。它能和全家其乐融融地生活。它唯一的缺点是：只要听到一点声响，它就会吠叫，不过这是训练的问题。只要教育得好，它能够在必要时才发出警报。不管在城市生活中还是在出游时，吉娃娃都是理想伴侣。您可以带它去任何地方，可以把它装在小包里或是抱在怀中（请抱紧它，因为如果它往下跳，可能会引起腿部骨折或胯骨脱臼）。但是不要忘记它还是需要活动手脚的，每天至少需要活动两次。充满勇气，甚至有点莽撞的吉娃娃从来不畏惧在其他同类面前表现出攻击性，即使同类的体型比它大上20倍。

不要让它和大型犬玩耍，否则它可能会受伤。在街上时，请牵好它并盯牢它，因为吉娃娃经常会被小偷盯上。

吉娃娃生性爱干净，会和猫一样做清洁工作。长毛品种除了日常刷毛以外，还需要进行轻柔梳理，以防毛打结。不要太频繁给它洗澡。请定期清洁它的眼部，并经常给它刷牙，防止形成牙垢。

Coton de Tuléar
棉花面纱犬

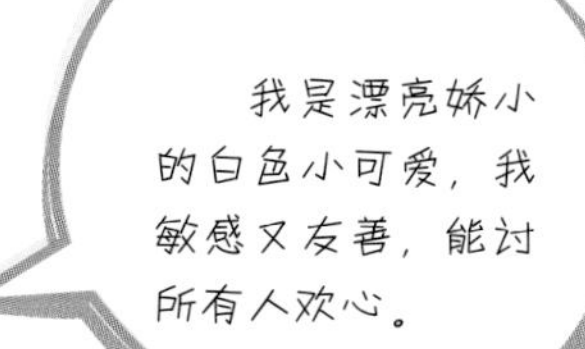

雄性体长：26～28厘米
雌性体长：23～25厘米
雄性体重：4～6千克
雌性体重：3.5～5千克
寿命：14～15年

作为比熊犬的同胞，这种独具异域风情的小型犬面容和善，眼神充满爱意，外形与熊相似，非常讨人喜欢。它的长被毛呈现白色，柔软，但耳部夹杂少量灰色或栗色斑点（均匀分布在白毛、红毛或浅黄褐色毛上）。

起源 / *ORIGINE*

发源于马达加斯加南部的图莱亚尔，棉花面纱犬可能是16世纪被法国人引进的比熊犬和其他当地犬种或引进犬种繁育而来的后代。起初，棉花面纱犬是相当狂野的猎犬，后经过精心挑选，才成为今日广受欢迎的伴侣犬。1970年，该犬种得到世界犬类联盟（Fédération canineinternationle）承认。在法国，棉花面纱犬随处可见。

性格和训练方式 / *CARACTÈRE ET ÉDUCATION*

棉花面纱犬非常活泼、爱玩、机

灵、善于社交，能和同类及人类友好相处，不会感到忧伤。非常黏人，它总是寻求爱抚，无法忍受和主人分离。

棉花面纱犬充满活力，聪明、善于观察，训练它很简单，只要您表现得温柔、强硬又坚定。

健康状况 / *SANTÉ*

棉花面纱犬非常健壮，通常来说除了打疫苗，无需带它去看兽医。它厚实的被毛能保护它，免受寒冷、潮湿和高温的侵蚀。皮肤病是它最容易得的疾病。请注意保持它的耳部清洁，防止感染，还有眼部卫生，因为有些个体可能会患上白内障。最后，它还有可能患上髌骨脱臼。

棉花面纱犬的胃口适中，不用担心它们长得过胖的问题。

实用信息 / *CÔTÉ PRATIQUE*

棉花面纱犬观察力很强，总是能领会主人的意思，也能应对各种情况。它喜欢运动，需要长时间的散步活动和自由奔跑。不知疲倦，棉花面纱犬是

孩子们的好玩伴。如果和老人待在一起，它也能保持安静。

棉花面纱犬是优秀的守卫犬，不会过度吠叫。不管是住在城里还是乡下，它都能过得很幸福。

棉花面纱犬的分娩不会遇到特殊问题。每窝幼犬的数量为2～12只。2013年，法国纯种犬血统名录有2 274只棉花面纱犬记录在册。

工具：软橡胶无球金属齿梳一把，2～4个月幼犬用中等密度梳子一把，长毛期用大间距长齿梳一把，密齿梳一把以及犬类专用沐浴露。

棉花面纱犬的毛容易黏连和打结，所以每天都要小心地把毛理顺。用刷子大致刷一遍被毛，然后仔细梳到毛的根部。如果有打结的毛，请用中等疏密的梳子把结打开，尽量减少掉毛。然后使用密齿梳梳理，以防出现新的毛结。把毛理顺之后涂上沐浴露，不要摩擦，以防毛再次打结。等把棉花面纱犬冲洗干净并用毛巾擦干之后，请一边用温和的烘干机将其吹干，一边对它的毛进行打理。

请将它肉垫之间多余的毛清除干净。当耳内的毛生长过旺时，用手指拔除耳毛。如果您的狗狗生活在粉尘过多的城市里，您可以每周或每15天给它洗一次澡，以保持它的毛清爽柔软。

Épagneul King Charles
查理王小猎犬

我很漂亮，体型小巧，喜欢亲近人，快活又好相处。总而言之，我就是完美小型犬的典范。

体长：25～30厘米
体重：3.6～6.3千克
寿命：12～14年

查理王小猎犬体态方正，身材匀称，步态优雅。头顶呈圆形，口鼻部塌平。眼神深邃，目光柔和。长毛丝滑不容易打结，尾巴毛量茂盛且优雅抬起，高度不超过背部。毛的颜色有黑红色、红宝石色或纯白色带栗色斑纹、三色（黑白红）……。比起骑士查理王猎犬来说，查理王小猎犬的数量要更少些，查理王小猎犬更需要悉心照料。

历史小知识／*UN PEU D'HISTOIRE*

这种高贵的小型犬起源于很久以前，但相关线索已无迹可寻，只知道它和英国历史有着深厚渊源。在伊丽莎白一世时期，查理王小猎犬就已经是宫廷贵妇的宠儿了。

据说，英国查理一世在出门时，身边永远不会少了这种小猎犬的影子。但是，查理王小猎犬的名字却来自于查理二世，当时，全国上下的贵族人手一只查理王小猎犬。传说，马尔博罗公爵夫人因为担心其参加1704年布伦海姆之战的丈夫的安危，通过抚摸一条雌性查理王小猎犬的前额以求得安心，于是在其前额留下了大拇指的印迹。第二天，这条猎犬生育了，诞下一窝小狗，每只小狗前额都有斑点，这就是查理王小猎犬独具特色的著名斑点的由来。

性格和训练方式／*CARACTÈRE ET ÉDUCATION*

一般来说，查理王小猎犬比其同胞骑士查理王猎犬要更文静、更固执。

它特别喜欢亲近人，非常喜欢黏着自己的主人。

如果您能够对它进行温和训练，那么这种聪明又温顺的狗不会给您带来训练上的麻烦。由于查理王小猎犬颇具个性，它有时候会对您进行试探，看看它究竟可以放肆到何种程度。

健康状况 / SANTÉ

查理王小猎犬非常健壮，但部分个体可能会患上眼部疾病（白内障）、心脏问题或髌骨脱臼。它的牙齿易形成牙垢，请您多加留意。另外，查理王小猎犬不喜欢高温。

查理王小猎犬的胃口大小变化无常。请注意控制它的体重。

实用信息 / *CÔTÉ PRATIQUE*

查理王小猎犬在楼房里非常安静，在外则充满活力，爱做运动。它热爱生活的态度极具感染力。查理王小猎犬非常喜欢和小孩玩，会玩到疯，但它也能非常安静地待在老人身边。它有时像猫一样有点冷漠。查理王小猎犬没有攻击性，能和其他动物和平共处。它也很少吠叫。

请定期清理它的眼周和耳部。给它做毛护理很简单。每隔2天给它梳理一次毛就够了。请仔细地梳顺它的耳部的毛。

繁育情况

通常来说，查理王小猎犬的分娩能够顺利进行。每窝幼犬的数量为2～12只不等。2013年，被记载在法国纯种犬血统名录的查理王小猎犬仅有125只，而骑士查理王猎犬则多达7 547只。

Épagneul Nain Continental Phalène et Papillon
欧洲迷你猎犬（蛾犬和蝴蝶犬）

体长：小于28厘米
体重：1.5～4.5千克
寿命：14～16年

我们属于人们所说的欧洲犬种，但是我们小巧的体型和珍贵的性格让我们能够迎合现代人的口味。

欧洲迷你猎犬体格健壮，体态匀称，毛发丝滑，步态优美。它拥有小而精致的脑袋和一双杏眼，表情丰富，充满魅力。这种欧洲迷你猎犬有两种变种：精致垂耳的蛾犬和挺拔直耳的蝴蝶犬。欧洲迷你猎犬很小巧，毛长而丝滑、微卷，尾毛优雅。只要毛色大面积为白色底色，任何其他杂色都可以被认可。该犬种数量从20世纪初开始逐渐减少，现在才重新回到人们视线当中。如今，蛾犬是现存数量最稀少的欧洲迷你猎犬变种。

性格和训练方式／ CARACTÈRE ET ÉDUCATION

欧洲迷你猎犬活泼、稳重、充满耐心且喜欢主人。这是一个总是寻求许多爱抚的小可爱。欧洲迷你猎犬忠诚、温顺，也是天生的“喜剧演员”。它非常敏感，需要悉心照料。

健康状况 / *SANTÉ*

欧洲迷你猎犬十分健壮，不会出现特殊的健康问题。但是它们不喜欢高温。请每天用生理盐水清理它的眼部，以防患上结膜炎或视网膜溃疡。每周一次使用专用洗剂清洁它的耳部。定期给它刷牙，因为欧洲迷你猎犬的牙齿很容易形成牙垢。

实用信息 / *CÔTÉ PRATIQUE*

欧洲迷你猎犬能够很好地适应城市生活和乡村生活。它热爱运动，能够驾驭任何地形，轻松奔跑。它能和同类及猫和平共处。文静的欧洲迷你猎犬可以陪伴老人，而活泼的个体则能和小孩玩上好几个小时。

欧洲迷你猎犬不常吠叫，但是它时刻保持着警惕。必要时，它也能成为家庭捕鼠能手。

这类小型犬掉毛不多。要护理它的毛，每周用刷子刷上1或2次并把毛结解开就足够了。在换毛季节，请每天进行毛的梳理。

皇家犬的故事 / L'HISTOIRE D'UN CHIEN ROYAL

这种小型伴侣犬很可能发源于比利时的弗兰德，那里的培育者挑选体型小且垂耳的品种进行繁育，蛾犬的祖先就此诞生。该犬种最有名的主人当属法国国王亨利三世，这位君主非常喜爱该犬种。他的脖子上环绕着一圈饰物，其中包括以一群猎犬为造型的装饰，只比拳头大了那么一点点。亨利三世所有受宠爱的亲属或近臣都拥有一条这样的皇家小型犬。

第一只蛾犬变种犬的身影出现在11世纪的雕像上。如今，蛾犬也被收录进许多画作当中。

在文艺复兴时期，蛾犬在意大利数量繁多。它是皇家宫廷和沙龙的明星，在许多大师的作品中都能见到它。画家鲁本斯（Rubens）在庆祝路易十三诞生的画作上同样画了蛾犬。在法国，弗朗索瓦·克卢埃（Francois Clouet）在绘制瓦卢瓦的玛格丽特王后像时，在她身边添了一只欧洲迷你猎犬。

蝴蝶犬的选育则更晚，是在19世纪时通过蛾犬和其他包括银狐犬在内的犬种配种而来。

繁育情况

蛾犬和蝴蝶犬的分娩不会有特殊问题。每窝幼犬的数量为1～4只。为了保持品种纯正，不应将蝴蝶犬和蛾犬进行配种，否则幼犬可能会出现半立耳的重大先天缺陷。2013年，法国纯种犬血统名录中有576只欧洲迷你猎犬记录在册。

Épagneul Nain Japonais

日本迷你猎犬

我头顶的白色印迹是佛陀在祝福我的祖先时留下的拇指指印。

体长：约25厘米

雌性体型更小。

体重：2～6千克

寿命：12～14年

独特又高雅，爪子高抬，这种也被叫做“狆”的犬种步态轻盈又优雅。较宽的眼距让它看起来像一副吃惊的样子，极具特色。它的毛顺直浓密，带有黑色或浅黄褐色的斑纹，包括流苏般垂坠的耳部。尾部长有长毛，卷在背部。日本迷你猎犬的数量还不多，但是目前仍在小幅增长中。

起源 / *ORIGINE*

根据部分说法，“狆”的祖先来自于中国西藏。有些人则认为，日本迷你猎犬的起源是韩国犬种。这种小型犬在732年来到日本，由韩国贵族供奉给光仁天皇，从此很快就成为了王宫里的宠儿。19世纪，日本迷你猎犬成为了日本上流社会贵妇们最喜爱的沙龙犬。

在中世纪，英国人首先将日本迷你猎犬引入欧洲。之后，这种小型猎犬遇到了两位鼎鼎大名的主人：奥地利的安妮（Anne d’Autriche）

和玛丽·安托瓦内特（Marie-Antoinette）。美国海军准将佩里（Perry）离开亚洲后，向维多利亚王后进献了两条日本迷你猎犬，王后收养了它们并用心养育它们。

性格和训练方式／ *CARACTÈRE ET ÉDUCATION*

日本迷你猎犬敏感、温和、魅力十足，爱亲近人。它机灵、活泼、爱玩、调皮，比京巴犬更为外向。它和家里所有成员都很亲近，并默契十足。只要您的态度温和稳定，那么您就能够轻松地训练这种聪明的小型犬。

健康状况／ *SANTÉ*

日本迷你猎犬的骨架精致但结实，身体健壮。它怕热，高温会引起肺水肿。

它的眼睛和耳朵很脆弱，请定期清理。

日本迷你猎犬吃得并不多，所以无需特别担心它的体重。

实用信息 / *CÔTÉ PRATIQUE*

日本迷你猎犬喜欢舒适生活，能完美地适应楼房的生活。它不吵闹，也不爱搞破坏。它喜欢运动，每天需要进行两次时长至少为半小时的活动。日本迷你猎犬有时候会表现得像只猫，喜欢待在椅子上观察周围发生的一切。

该犬种性格良好，很少有喜欢咬人的个体出现。它能跟小孩以及同类友好相处。它喜欢群体生活。在陌生人面前它一开始会表现拘谨，但之后就会变得友好。这种猎犬很少吠叫。在它感到高兴或玩耍的时候，它会绕着自己快速转圈。

请定期梳理它的毛。耳部的毛要重点清理。每个月，甚至每两个月给它洗一次澡就足够了。

日本迷你猎犬的分娩有时候会遇到困难。每窝幼犬的数量平均为3只。2013年，法国纯种犬血统名录上有128只日本迷你猎犬被记录在册。

Épagneul Tibétain
西藏猎犬

体长：约25厘米
体重：4～7千克
寿命：15～16年

体态匀称、步态轻快，西藏猎犬的眼神特别具有表现力。它被毛丝滑，耳毛垂顺。尾部毛发浓密，轻盈卷起。所有的毛色和带有杂毛的品种都可以得到承认。该犬种在法国数量稀少，但也已经开始吸引大众目光。

起源／ ORIGINE

这种小型犬发源于中国的西藏，它们被养在寺院中，在僧侣们打坐时倚靠在他们膝下。同时，在冬天，它们会和主人睡在一起，为主人保暖。

在与世隔绝的寺院里，西藏猎犬则扮演守卫犬的角色，能够在陌生人到来之前早早就进入警戒状态。

19世纪初，传教士将西藏猎犬带入英国。

① 译者注："Tibbie"，来自于西藏梗犬的法文名中所含的"Tibétain"形容词成分，此处为英国人基于该词所创造的用来表示亲昵的昵称，大意为"可爱的西藏猎犬"或"西藏猎犬宝贝"。此处采取音译。

性格和训练方式／ ***CARACTÈRE ET ÉDUCATION***

西藏猎犬极其聪明、快乐又自信，旺盛的好奇心得不到满足，它会观察，到处嗅探并挖来挖去。西藏猎犬也非常敏感、温柔和高雅，它对自己所亲近的主人的情绪有一种强烈的感知。它非常忠诚。

由于西藏猎犬个性十足并且喜欢按照自己的想法生活，您可以采取温和又坚定的态度训练它，您要知道，这个调皮鬼可是会想方设法来达到自己目的的！

健康状况／ ***SANTÉ***

西藏猎犬非常健壮，不怕风吹雨打，也能忍受高温。

该犬种的视网膜可能会渐渐萎缩，对此应重点关注，另外，请定期清洁它的眼部和耳部。

它的胃口不算大，并不是太贪吃。

实用信息／CÔTÉ PRATIQUE

西藏猎犬是非常有趣的伴侣。它拥有极强的适应能力，观察它如何度过一天是非常有趣的。该犬种能与所有人甚至和猫和平共处。它爱玩，和小孩在一起时颇具耐心。西藏猎犬听觉极其灵敏，这注定了它能成为守卫犬，然而它又不会过度吠叫。它耐力强、爱运动，能够进行长时间的散步活动。

关于毛的护理，您需要每天梳理西藏猎犬的被毛。每2个月或3个月给它洗一次澡就够了。

繁育情况

西藏猎犬的分娩不会遇到特殊问题。每窝幼犬的数量总是不会太多，平均为4只。直到20世纪八十年代，法国才开始培育西藏猎犬。2013年，有614只西藏猎犬被记录在法国纯种犬血统名录上。

Fox Terrier à poil lisse et à poil dur

滑毛猎狐梗和铁丝猎狐梗

我是小型梗犬，为捕猎而生。我充满闯劲，不惧怕任何东西，在我亲爱的主人面前，我也是一只十足的“跟屁虫”。

体长：约39厘米
雄性体重：7～9千克
雌性体重：6～8千克
寿命：13～14年

优雅、体格结实，猎狐梗非常活泼且充满活力。口鼻部较长，耳朵呈“V”字形，朝脸颊方向反向竖起，闪烁的眼神充满了智慧。

该犬种两种变种仅在被毛类型方面有所区别。滑毛猎狐梗的被毛浓密平滑。而铁丝猎狐梗的被毛浓密粗糙，内层绒毛柔软。主要毛色为白色，带有黑红色斑纹。

起源 / *ORIGINE*

滑毛猎狐梗作为最古老的变种，从5世纪开始就能在英国找到踪迹了。而铁丝猎狐梗要出现得更晚一些。在1780年荷兰的一些画作上我们才可以辨认出这种犬的身影。从1810年开始，该犬种被用于追捕狐狸、獾和野猪。

直到现在，铁丝猎狐梗依然有一批追捧者，因此，该犬种得以保留至今。

性格和训练方式 / CARACTÈRE ET ÉDUCATION

活泼、充满好奇心、活力十足，猎狐梗性格强硬而固执。它有天生的“挖刨”倾向，这个坏习惯应该在它很小的时候就进行遏制。猎狐梗充满勇气，甚至到了莽撞的程度。它非常亲近自己的主人及其家人。但它性格顽固，甚至有强迫症倾向。您应该毫不犹豫地用“糖果+鞭子”的方法对它进行训练。

健康状况 / SANTÉ

猎狐梗质朴又结实，完全不惧怕恶劣天气。该犬种并没有特殊的健康问题。但如果换毛不当，铁丝猎狐梗可能会出现皮肤问题。另外，它们的胃口比较小，不必担心它们的体重。

实用信息 / CÔTÉ PRATIQUE

猎狐梗能够适应城市生活，但是它需要进行足够的活动，否则它就会变得过度神经质。因为不再需要捕猎，猎狐梗需要玩耍、需要进行长时间的散步活动、需要自由奔跑。猎狐梗喜欢和小孩玩耍，并且能够自觉地欢迎客人。它会吠叫，是优秀的守卫犬。

它和其他动物相处不太好，并且会自发地和同类打斗。

对滑毛猎狐梗来说，每周进行一次毛的梳理就足够了。相反地，您需要每周给铁丝猎狐梗梳理2~3次毛发，并且，为了保持它的被毛亮丽，您得每年给它拔一次毛。

猎狐梗的分娩相当轻松，每窝幼犬的数量平均为4～6只。2013年，法国纯种犬血统名录上有624只铁丝猎狐梗和463只滑毛猎狐梗记录在册。

工具：拔毛小刀一把、粗齿拔毛刀一把、细齿拔毛刀一把、修毛剪刀一把、直剪一把、梗犬用毛刷一把、粗密齿金属梳一把。

要想顺利地给狗拔毛，您需要拥有和犬种相关的大量经验和深入的了解。一般来说，拔毛需要用到一把梳子刀。右手拿握工具，拉起毛发夹在拇指与刀片之间，顺着毛的生长方向进行操作。让狗背贴地躺下，面对您。用一把和狗毛长度与厚度相适宜的梳子进行梳理。之后使用具有一定硬度的刷子刷毛。

用一把小梳子刀来处理头部的毛，用大梳子刀处理全身的毛。拔除头顶、脸颊和太阳穴的杂毛，并清理耳部的多余毛。口吻部的毛不宜过长，但请不要全部拔除。

处理脖子部位的毛需要费一些劲。这是最难处理的部分。如果有碎毛，请用剪刀将其清除，不要抽取。

仔细地清理后爪的杂毛；如果是前爪，请使用细齿梳和稍软一些的刷子（如果您把前爪的毛扯掉，狗会想把爪子抽走）。

处理脚上的毛时，只需将其剪短，以毛能够遮住脚趾甲为宜。根据需要，可以把边缘的毛也剪短一些。

修剪是一种被毛“雕琢”，是一项非常讲究的工作，需要大量经验。即使您并不打算把您的狗带去做展览，这项清洁工作也是必不可少的卫生护理，有利于狗的皮肤保持在健康状态，更利于狗毛保持本色状态。

Griffons Belges
比利时格里芬犬

体长：20～28厘米
体重：3～6千克
寿命：14～16年

我的脑袋就像长毛猴，像小球一样的圆眼睛颇通人性，我的性格也很活泼，我拥有独特的魅力。

比利时格里芬犬包括三个变种，为比利时格里芬犬、布鲁塞尔格里芬犬及巴巴扎犬，它们仅在毛上有所区别。这种小型犬的体格健壮、优雅，体态方正，头部呈圆形，口吻部扁平。它们那有些愁眉不展的滑稽面孔上嵌着一双凸起的大圆眼睛，表现力十足，吸引了一批无条件追随者。长长的鬃毛、胡须和浓密的眉毛让它们看上去有一种令人舒适的蓬松感，让人联想起某些小猴子的样貌。比利时格里芬犬和布鲁塞尔格里芬犬的毛粗而浓密，有内层绒毛。比利时格里芬犬被承认的毛色有黑色、黑红色、黑红棕色。布鲁塞尔格里芬犬毛色有红棕色，面部为深红棕色、红色、浅红棕色，可以允许头部出现一些黑色杂色。巴巴扎犬毛短、平滑，毛色和布鲁塞尔格里芬犬一样。它们都可以统称为比利时格里芬犬，这些优秀的小型伴侣犬值得大力培育。

起源 / ORIGINE

比利时格里芬犬的祖先是生活在布鲁塞尔地区的刚毛小型犬，叫做“Smousje”，以前被用来捕捉马厩里的老鼠和护卫马车。在19世纪，由查理王小猎犬和八哥犬混种得到了今天这个犬种。比利时格里芬犬在1900年左右曾一

度很受欢迎，很显然这得归功于养这种犬的女王玛丽·亨丽埃塔（Marie-Henriette）。

性格和训练方式/ *CARACTÈRE ET ÉDUCATION*

比利时格里芬犬性格稳重、警觉，非常亲近主人，特别容易相处。它们很聪明，也很活泼、有趣、滑稽，但并不任性。由于它们胆小，您在训练时需要将命令多重复几遍，语气要柔和一些。

健康状况 / SANTÉ

这三种比利时格里芬犬都非常健壮，身体结实，虽然它们的口吻部很短，但是不会有呼吸系统问题。但是它们有可能出现严重的神经疾病。

这种小型犬的胃口比较小。

实用信息 / CÔTÉ PRATIQUE

比利时格里芬犬能完美适应楼房生活。如果主人喜欢深居浅出，它们也能安静地待在屋子里。它们也擅长运动，非常喜欢障碍赛跑。对所有家庭成员来说，该犬种都是最佳的伴侣，好动、活力十足，它们喜欢和小孩玩耍。比利时格里芬犬擅长社交，能和同类以及猫和平共处。它们不胆小，也没有攻击性，有时会有些吵闹，是名副其实的警戒犬。

繁育情况

比利时格里芬犬的分娩并不容易，常常需要借助剖腹产手术。每窝幼犬的数量通常来说为2～4只。2013年，法国纯种犬血统名录记载了218只巴巴扎犬、65只布鲁塞尔格里芬犬和40只比利时格里芬犬。

快速除毛保养

刚毛型格里芬犬的毛发需要进行定期清洁。您需要每天对其进行毛的护理。头部，比如耳部还有前额只需留下短毛，而嘴毛和鬃毛则可以保留一定长度。

工具：梳子刀一把、中等密度齿梳一把、密齿梳一把、打薄剪刀一把、天然刷子一把和拔毛钳一把。

将头顶的毛拔到尽可能短，让其看起来更圆。除毛工作需要使用梳子刀。嘴巴边的毛应该尽可能地留长，不要剪短。前额需要特别注意。您可以使用打薄剪刀进行修剪。耳部的毛不管内外，都需要打理得越短越好。脖颈和胸前的毛需要好好拔干净。爪子前部需要除毛，把毛变得蓬松，好让爪子看起来大一些。爪子后部需要斜向修剪。背部的毛可以拔除到2～2.5厘米长。

拔毛可以使毛更硬挺，剪毛永远只会让毛变得更软。

后躯毛和尾毛都要除到越短越好。为了美观，可将脚部修剪到像猫爪一样圆润。

Jack Russell Terrier
杰克罗素梗

体长：25～30厘米
体重：6～8千克
寿命：14～16年

我性格如火，捕猎热情永远一点就着，体力消耗的需求必不可少。我还有一颗金子般的心灵，会成为非常好的伴侣。

杰克罗素梗是一种特殊的梗犬，它首先是一种猎犬，拥有和那些永远处于警惕状态的狗一样炯炯有神的双眼。它的身体修长、结实、挺拔、比例匀称且柔韧灵活。它的步态给人一种充满力量又和谐的感觉。毛发平滑或粗糙，毛色可以是纯白色，可以带有黑色、褐色或红色的斑纹，斑纹主要分布在头部或尾部。

起源 / ORIGINE

杰克罗素梗的名字来源于牧师约翰·罗素（John Russell），在19世纪的德文郡，他选育了用来猎狐的品种。后演化为两种变种，主要靠体型和身材比例来做区分。

帕森拉塞尔梗（牧师罗素的梗犬）体型更大更方正，主要被当作围猎犬，而杰克罗素梗是选育出来的，用于围剿躲进洞穴的猎物。在围猎时，骑士们会把这种小型梗犬带在马上。在抓捕浣熊、兔子甚至大型猎物这方面，它们也收获了很多赞誉。

帕森拉塞尔梗在18世纪末得到英国养犬俱乐部的承认。而根据澳大利亚标准，杰克罗素梗在2000年才被世界犬业联盟正式承认为单独犬种，此后该犬种经常出现在各种选美大赛展览和工作犬大赛展览中。

性格和训练方式／ CARACTÈRE ET ÉDUCATION

傲慢、勇敢、充满活力，杰克罗素梗个性十足。它易与人亲近、友好并且非常忠诚。需要和人类进行大量互动。杰克罗素梗极其聪明，能够迅速明白指令，但是需要您从它很小的时候就坚持并耐心地用奖励机制训练它。在4～6个月大的时候，幼犬会试探您，尝试“反抗”您，即使它之前非常听话。请您耐心一些，用温和的态度重新开始教它学会听从“过来”的命令。在1个月，甚至2个月之后，或者更晚，请再次做这项训练。

健康状况／ SANTÉ

杰克罗素梗很少生病。但该犬种容易出现晶状体脱落和髌骨脱臼的问题。某些个体也会患有遗传性耳聋。近期有研究发现杰克罗素梗易患小脑共济性失调，该病症会导致其行动不协调。

繁育情况

杰克罗素梗的分娩不会遇到特殊问题。但是某些体型过小的个体还是需要借助剖腹产手术。每窝幼犬的数量平均为4～5只。2013年，有3 831只杰克罗素梗记录在法国纯种犬血统名录上。

实用信息

杰克罗素梗并非为城市生活而生，也不是为了适应城市生活而被选育出来的，它生来就是猎犬，但是这并不妨碍它成为优秀的伴侣犬，因为它具有强大的适应能力。理想的情况是能够拥有一处可以让它自由活动的封闭花园。只要主人能够提供杰克罗素梗所需的所有户外活动，它就能够适应城市的生活。它需要跳跃、奔跑、打滚，否则它可能会变得难以安分。这位全家皆宜的优秀伴侣犬也相当爱玩，它喜欢小孩，但不能接受家里有其他动物存在。如果您拥有花园，对它来说再好不过了，但请多加留心。在乡村时请牵住它，因为只要它闻到一丁点猎物的气味，就会马上冲出去追捕。杰克罗素梗爱掉毛。为了减少不必要的掉毛量，请每日为它梳理毛。如果养在城市里，需要每4个月洗一次澡。滑毛型易于保养，而刚毛型不仅需要梳理以保持毛色亮丽，还需除毛以向品种标准看齐。

Lhassa Apso
拉萨犬

体长：约25厘米
体重：4~7千克
雌性比雄性稍小一些。
寿命：15~18年

我来中国自西藏拉萨市，很长一段时间内我都只在国内，没有到过西方世界。不要单单因为我是来自亚洲的神圣使者就挑选我做宠物，我的性格也很棒，很乐天。

这种高雅的小型犬身形修长，步态轻快，被毛是独特、蓬松的长毛，有点像羊毛，内层绒毛浓密。头骨窄小。长毛在前额处分成两绺，不妨碍视线。嘴毛和鬃毛都很浓密。

拉萨犬的毛色有金色、淡茶色、蜂蜜色、深灰色、烟灰色、混色（许多种不同的颜色）、黑色或白色。在法国，拉萨犬的数量比其同胞西施犬要少上3倍，虽然前者的魅力毫不逊色。

起源 / ORIGINE

这种小型犬发源于中国西藏。在中国的艺术作品上随处可见它的身影，形象多为披着一身有如神话亚洲狮一般的长毛。此外，它在中国被当作一种能带来幸福的动物。

在几个世纪里，作为喇嘛和拉萨达官显贵的伴侣犬，拉萨犬从来没有出口过别的国家。它是佛陀身边令人敬仰的守卫犬，也会在僧侣远行时陪伴在他们左右，藏匿在僧侣长袖之下。拉萨犬嗅觉敏锐，哪怕有一丁点危险，

它都会恶狠狠地突然现身发出警告，有如突如其来的雪崩。

1921年，2只雄性拉萨犬和1只雌性拉萨犬被带入欧洲。1933年，拉萨犬在美国生根，在法国繁育了众多后代。

性格和训练方式／ *CARACTÈRE ET ÉDUCATION*

安静、稳重，拉萨犬很有个性。快乐活泼、黏人、亲近家人，拉萨犬会有过度黏着主人的倾向，并且会对主人表现出过度的保护欲。聪明、敏感、直觉灵敏，它学习速度很快。但还是请您尽早地严格训练它。

健康状况／ *SANTÉ*

这种生活在山地的小型犬健壮，身体健康，能忍受恶劣天气，但不能长时间暴露在阳光之下，否则可能会患眼部疾病。

虽然拉萨犬很贪吃，但它并不会发胖。

繁育情况

拉萨犬的分娩不会遇到特殊问题。每窝幼犬的数量为2～12只不等。2013年，1 024只拉萨犬被法国纯种犬血统名录记录在册。

实用信息

拉萨犬很难忍受孤独，但它不信赖陌生人，并非所有人都能轻易接近它。只要训练得当，它只在必要时才会吠叫，是很好的守卫犬。它和其他动物的相处般。拉萨犬酷爱远足、喜爱运动，也能顺利进行障碍赛跑。请每周梳理1次它的毛。定期清理它的眼部。没有特殊情况的话，无需洗澡。

Norfolk et Norwich Terriers

诺福克梗和诺维奇梗

虽然我个子小，但我充满活力，我希望能有一位喜欢运动的主人带我到处奔跑。

体长：22～25厘米

体重：5～6千克

寿命：12～15年

这两种小型梗犬眼神深邃，明亮有神，只能通过耳朵来加以区分：诺维奇梗为直耳，而诺福克梗为垂耳。它们都身材紧实、匀称，给人一种力量感和活力感。它们被称为“铁丝”的刚毛竖直，斜着向外生长。内层绒毛厚实。脸边长有一圈毛，还有眉毛和小胡子。毛色为深浅不一的红色、小麦色、黑红色或黑灰色。

起源 / *ORIGINE*

它们的祖先是生活在英国东北部农场的不同的两个犬种。它们在那里抓捕狐狸、獾和老鼠。在19世纪中叶，这两种梗犬还没有被区分开来。直到1960年，才分别得到承认。在法国，这两种梗犬数量并不多。

性格和训练方式 / CARACTÈRE ET ÉDUCATION

可爱、亲近人、忠诚、易相处，充满自信，与主人亲近，诺福克梗和诺维奇梗是魅力十足的伴侣犬。只要您的态度坚定柔和，训练它就很简单。

健康状况 / *SANTÉ*

诺福克梗和诺维奇梗质朴又特别健壮，不惧严寒。有些个体可能会出现喉功能不全的问题，症状表现为轻度哮喘和轻微的呼吸困难。它们的胃口非常好，需注意它们的体重。

实用信息 / *CÔTÉ PRATIQUE*

诺福克梗和诺维奇梗擅长社交，能和小孩老人都相处得来。但是它们那无处安放的精力需要大量的活动来消耗。

它们能和同类和平共处，也能对陌生人保持警惕，是很好的守卫犬。诺福克梗和诺维奇梗保留了强烈的捕猎本能，还会挖掘松露。

诺福克梗和诺维奇梗的分娩不会遇到困难。但当一只体型过大的独生子降生时，还是要借助于剖腹产手术。每窝幼犬的数量平均为2～3只，也有产1只的。2013年，法国纯种犬血统名录上仅有20只诺福克梗和诺维奇梗记录在册。

工具：梳子、按摩刷、天然毛软刷、圆头剪刀。

诺福克梗和诺维奇梗的毛又直又硬，每周至少需要梳理1次，最好是2次。首先使用按摩刷，其次是野猪毛刷或清洁手套。当它的毛过长时，请将其修剪平整。肉垫之间的毛也要剪干净。对梗犬来说，很少有换毛期，掉毛也很少。但是在换毛季，您需要用手将死毛拔除，好让新毛生长。没有特殊情况的话，无需给它们洗澡。

Pékinois
北京犬

雄性体长：15～25厘米
雌性体长：14～24厘米
体重：3～5千克
寿命：13～15年

北京犬的爪子歪歪扭扭，牢牢支撑着身体，吻部短且皱，脑袋周围长有一圈鬃毛，长而浓密，高贵地垂泻下来，尾毛毛量旺盛，漂亮地翘起。

北京犬的被毛垂顺平滑，内层绒毛浓密。除了白沥青色和栗色外，所有毛色都可以得到承认。目前为止，北京犬并没有特别受欢迎，但是小型犬风潮应该会推动其数量增长。

起源／ORIGINE

北京犬起源于中国，这是一种古老的犬种，相传该犬种诞生于雌猴和雄狮之间的爱慕之情。雄狮找到动物之主阿楚，请求他允许自己和雌猴结为连理。阿楚同意了，代价是雄狮要失去它的身躯和力量。因此，为了迎娶雌猴，雄狮的体型变得和一只小狗一样，但是它的勇气和精神却得以保留。它们的孩子中国狮子狗，就是现在北京犬的祖先。当然，这只是一个传说，并不是北京犬真正的起源。

该犬种的古老程度毋庸置疑，一直以来颇受中国帝王喜爱，在几个世纪里都被锁在故宫深处。一位作者曾说，在看

到动物园里的狮子时，所有动物都会颤栗，但是北京犬的祖先因为是狮子狗所以不会害怕，因为它们会把狮子当作自己的同类。

1860年，第一批北京犬进入欧洲。在鸦片战争时期，英法联军在故宫展开掠夺，两位英国海军军官找到了5条北京犬，于是将它们装进了前往大英帝国的行李箱里。回国后，他们将北京犬送给友人，其中两条被进奉给了维多利亚女王。另外几条则赠予里士满公爵夫人，它们由此成为了英国北京犬的祖先。

从19世纪末开始，第一批北京犬开始在英国展会上展出。在法国，北京犬在第一次世界大战之后才开始流行。

性格和训练方式 / CARACTÈRE ET ÉDUCATION

北京犬很黏主人及其家人。家人的喜怒哀乐都深深印刻在它眼里。

这是一种安静又独立的犬种。它可以为了逗您开心陪您玩，也可能会马上感到厌烦。北京犬亲近主人，非常聪明机灵，性格十足。您在训练它时不要过于强硬，请用坚定又柔和的态度对待它。

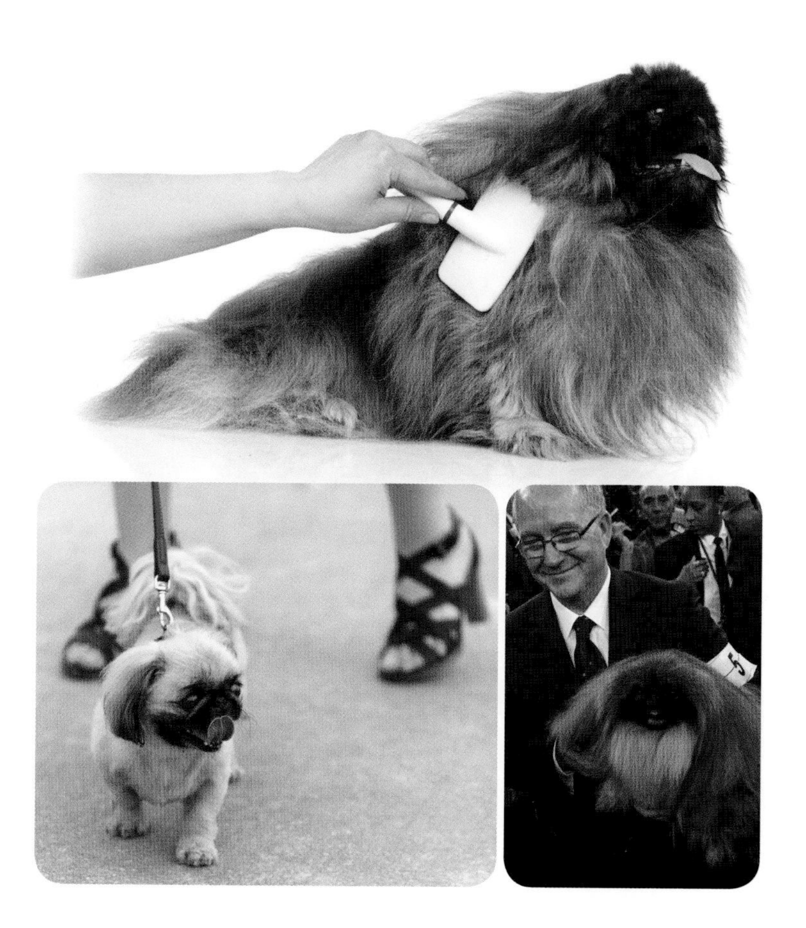

健康状况 / *SANTÉ*

北京犬很少生病。有些个体的鼻腔可能会过小，导致呼吸困难，从而引发心脏疾病。

它能完美地适应寒冷，但对高温很敏感。请注意不要让它患上肺水肿。不要过度喂食，因为它的体力消耗较少。

分娩可以顺利进行，但仍不乏需要借助剖腹产手术的情况。雌性北京犬并不是高产，每窝3到4只就已经是很不错的数字了。2013年，法国纯种犬血统名录上有291只北京犬被记录在册。

北京犬很友善，会和同类保持一定距离，但这并不影响它拥有犬类朋友。只要小孩不要过度缠人，这种魅力十足的伴侣犬还是非常喜欢小孩的。它和老年人尤其能处得来。在遇到陌生人时，它一开始会有些警惕，但当发现陌生人很友好的时候，就会很快与其亲近。它不胆小，也没有攻击性，一般情况下不会咬人。这种小型犬有个很大的优点：不吵闹。但是由于北京犬的听觉很灵敏，它还是会在必要时发出警报。单独留在家里的时候，通常来说它也不会干出格的事。北京犬不爱运动，只要每天进行日常散步就够了。

它的长毛需要每天细心梳理，要使用不会把毛扯断的优质刷子。它的眼睛对污垢很敏感，如果流泪了，请您马上对它的眼部进行清理。

Petit Chien Lion

小狮子犬

体长：26～32厘米
体重：4～6千克
寿命：13～15年

如果你很想要只聪明可爱、活泼的小狗，我就是你最好的选择！

这种小型犬步态威风凛凛，表情丰富，就算被毛被打理成狮子模样，它还是保留着一丝质朴气息。它漂亮的被毛丝滑浓密，呈波浪型，没有内层绒毛。所有毛色和多色组合都可以得到承认。

起源 / *ORIGINE*

小狮子犬也被叫做“罗秦犬”，属于非常古老的欧洲犬种。

作为贵族的宠儿，小狮子犬从15世纪开始经常出没于上流社会。

在17世纪，所有的贵妇人都非常痴迷这种袖珍小型犬，小狮子犬陪伴她们左右，与蝴蝶犬、比熊犬以及贵宾犬齐名。

因为小狮子犬太受欢迎，许多品种犬被特意打理成和小狮子犬相像的样子，这些“模仿者”的出现，无疑对它的声名有所影响。

19世纪时小狮子犬被遗忘，但第二次世界大战之后，从1950年开始，它又重新变得受欢迎起来。

性格和训练方式 / *CARACTÈRE ET ÉDUCATION*

小狮子犬非常黏人、温顺、活泼、爱玩，它不怕任何东西，在任何场合都能应付自如。

它眼神纯真，会不停地尝试理解主人想要它做的事情。

由于它很聪明、细心、领悟力强又听话，您可以很轻松地训练它，但请不要忘记保持坚定的态度，因为它有自己的个性。

健康状况 / *SANTÉ*

小狮子犬身体健壮，以其体质健康出名。它完全不惧怕恶劣天气。有些个体可能会有眼部疾病，同样也容易出现髌骨脱臼的问题。小狮子犬喜欢美食，很贪吃，要注意控制它的体重。

实用信息 / *CÔTÉ PRATIQUE*

这种迷人的小型伴侣犬能和全家打成一片，也能和其他动物友好相处。它喜欢和小孩一起玩耍。虽然喜欢待在舒适的窝里，但它也是一位需要活动的运动员，非常喜欢远足。小狮子犬是很好的守卫犬，但它很少吠叫。

每周需要对它的毛进行1次护理，每个月洗1次澡就够了。在洗澡之前，请记得把它的毛好好梳开理顺。将它的浓密鬃毛修理成狮子的样子，尾毛打理蓬松，爪子修剪干净，这可是个考验品位的活。这样的工作每8个星期需要重做一次。您可以先打个草稿，学着自己用推子给它修剪。

小狮子犬的分娩不会遇到特殊问题。每窝幼犬的数量为1～6只不等。在法国，该犬种数量不多，2013年，仅有71只小狮子犬被法国纯种犬血统名录收录在册。

Petit Lévrier Italien
意大利灵缇犬

拉马丁（Lamartine）的诗歌这样写道："我不是狗，我是长有四条腿的鸟儿。"我身轻如燕，却蕴藏着巨大的能量！

体长： 32～38厘米
体重： 小于5千克
寿命： 13～14年

这是一种瘦削、精致、优雅的犬种，步态协调，富有弹性，奔跑速度很快。它是高贵和优雅的典范。它的眼神流露出无限柔情以及对主人的爱慕。它的毛短而平整、丝滑细密，紧贴身体。毛色为纯色，有黑色、灰色、深灰色、伊莎贝拉色（浅黄色、米色），可以有深浅出入。可以有白色杂毛，但仅允许在前胸和爪子上出现。

在法国，意大利灵缇犬似乎正变得越来越受欢迎。在比赛中它作为大型犬出赛，主要参加两种比赛：赛跑和诱饵追逐。

起源 / ORIGINE

意大利灵缇犬是古埃及猎犬的后代，在古埃及的浅浮雕上可以看到这种古老灵缇犬的身影。5 000年前这些与现代灵缇犬相似的身影是它们在法老时期就已经存在的证明。该犬种先后由希腊人和罗马人带出埃及，进入了欧洲大部分国家和地区。在古罗马时期，贵妇们非常

喜爱灵缇犬的优雅和其伴侣犬的特质。它由此得以征服欧洲所有皇室和贵族。作为伴侣犬，它可以懒洋洋地在屋里休息，但它也是追捕野兔的好手。

弗朗索瓦一世（François Ier）、凯瑟琳·德·美第奇（Catherine de Médicis）、路易十五（Louis XV）、叶卡捷琳娜二世（Catherine de Russie）和腓特烈二世（Frédéric le Grand）都曾养过这种引无数作家和艺术家竞折腰的狗。

在20世纪，受当时风气影响，培育者们为了选育出更适合陪伴人类、体型更小的犬种，差一点让灵缇犬因为退化而灭绝。1925年，在一位意大利议员同时也是业余培育者的努力下，灵缇犬才得以幸存下来。1968年，意大利灵缇犬重新获得血统证明，重新焕发光彩，一如从前。

性格和训练方式／ *CARACTÈRE ET ÉDUCATION*

意大利灵缇犬稳重、活泼、亲近人、和蔼、温和，特别敏感；它能完美地察觉到您的喜怒哀乐，对您的喜爱到了一种敬仰的地步。它总是观察着您的一举一动。意大利灵缇犬需要严格但有逻辑的训练科目，但您不能对它施加一丁点暴力。它喜欢逗您开心，请您利用好这一点来对它进行训练。

健康状况／ *SANTÉ*

意大利灵缇犬身体结实，该犬种没有遗传疾病。如果它浑身颤抖，很大概率是因为它感到寒冷或害怕。

意大利灵缇犬的分娩不会遇到特殊问题。每窝幼犬的数量平均为3只。2013年，法国纯种犬血统名录有417只意大利灵缇犬记录在册。

和所有视觉猎犬一样，它不吵闹，喜欢楼房里的舒适环境，但也同样需要广阔的空间来释放精力。喜欢运动，喜欢奔跑、追逐同伴或其他动物。它没有攻击性，能和小孩及同类友好共处。也相当喜欢和另一条狗共同生活。不建议老人饲养年纪太小的意大利灵缇犬，它们有些过度神经质。

意大利灵缇犬的毛短平，没有特殊的体味，适合敏感人群饲养。平时要对它进行毛的护理，只需要偶尔用软毛刷或碎布简单梳理一下即可。无需经常给它洗澡，每年2～5次，使用犬类专用沐浴露即可。

请定期修剪意大利灵缇犬的趾甲，以免妨碍它行走奔跑。请检查确认它的眼睛没有流泪迹象。定期清理它的耳部。

Pinscher Nain
迷你杜宾犬

体长：25～30厘米
体重：4～5千克
寿命：12～14年

作为伴侣犬，我不仅魅力十足，还有其他优点：我非常干净，像猫一样讲究卫生，我的毛几乎无需打理。

迷你杜宾犬和杜宾犬的样子如出一辙，给人一种健壮、优雅的感觉。它漂亮的短毛平整而油光滑亮，明显地勾勒出它的身材。迷你杜宾犬的被毛有两种颜色，一种是纯色，颜色可以为不同深浅程度的红棕色，最深可为鹿红色；另一种为双色，黑色带红色或棕色斑纹。迷你杜宾犬在全世界拥有大量“粉丝”。该犬种大约在1950年进入法国，虽然从未引领过风潮，但其数量增长极快。

起源 / ORIGINE

杜宾犬发源于中世纪，和宾莎犬以及雪纳瑞犬源于同一祖先。该犬种曾经主要出没于巴伐利亚王国（Duché de Bavière）和符腾堡王国（Wurtemberg）。在当时，它们和马车夫一起工作，从一处驿站前往另一处驿站，和马匹一起生活。

19世纪，杜宾犬在各个农场都极为常见，它们驱逐小偷，抓捕老鼠和其他啮齿动物。

1900年，杜宾犬第一次在斯图加特被展出，很快就获取了大众的芳心。在第一次世界大战爆发之前，迷你杜宾犬是德国展会中数量最多的犬种，但是战争给该犬种带来的影响太过恶劣，导致其数量大幅下降。多亏战争爆发前有一些迷你杜宾犬被带出德国，该犬种才得以幸存。1903年，该犬种得到法国中央养犬协会承认。

性格和训练方式 / *CARACTÈRE ET ÉDUCATION*

迷你杜宾犬喜欢亲近人、忠诚、机灵又活泼。它充满自信、稳重，有时会自作主张。您需要采取坚定又温和的态度训练它，因为它既无法忍受暴力，也听不得指责。

健康状况 / *SANTÉ*

迷你杜宾犬并不娇气，甚至可以说它是所有犬类中最健壮的。它能完美地忍受所有恶劣天气。它的被毛保护性极强，能够快速风干。

迷你杜宾犬不会患特殊疾病。只要做一次系统测试，就可以避免眼部疾病。它很贪吃，甚至有时候会偷食。请注意控制它的体重。

如果幼犬的个体太大，迷你杜宾犬的分娩就会遇到困难。每窝幼犬的数量平均为4只。2013年，法国纯种犬血统名录上有802只迷你杜宾犬记录在册。

迷你杜宾犬是优秀的伴侣犬，能够轻松适应楼房生活。不管对象是老人还是小孩，它都能和他们愉快相处。迷你杜宾犬喜欢运动，能一口气跑上好几千米。虽然体型娇小，但是它听觉灵敏，会激烈吠叫，是出色的守卫犬。它能和家里的同类以及猫和平共处。迷你杜宾犬的毛很短，不易弄脏，即使弄脏，要想让其重现光泽，只需使用羊毛刷简单梳理就可以了。

Schipperke
史奇派克犬

体长： 20～35厘米
体重： 5～7千克
寿命： 13～15年

我是可爱的“小恶魔”，但我对小孩的耐心可是有口皆碑的，当然，我对马匹的喜爱也人尽皆知。

史奇派克犬步态高傲，拥有罕见的充沛精力。它目光敏锐，有着和狼一样的尖嘴和小巧立耳。它体态方正，被毛呈亮丽黑色，油光发亮。史奇派克犬的毛半长、浓密，非常柔软，在脸边、前胸和臀部形成一圈毛饰。

起源 / *ORIGINE*

作为目前所知体型最小的牧羊犬，史奇派克犬的起源目前还是一个谜。我们只知道它发源于比利时，其最早踪迹可以追寻到15世纪。在那时作为弗兰德船主们的伴侣犬。17世纪末，该犬种在布鲁塞尔帽商之间非常流行。

1882年，史奇派克犬第一次出现在比利时斯帕的展会上，后因比利时王后玛丽·亨丽埃塔对此犬种的青睐而大受追捧。直到1887年，该犬种才进入英国和美国。1888年，比利时成立了史奇派克犬俱乐部，该犬种的

第一部标准由此诞生。史奇派克犬的培育者们热衷于该犬种的统一工作，由此得到了今天我们所见到的史奇派克犬。

性格和训练方式／CARACTÈRE ET ÉDUCATION

这种小型犬优点诸多。它活泼、爱玩且十分忠诚。它无惧一切。

史奇派克犬非常聪明、敏感以及听话，只要您尽早对它进行训练，那么就不会遇到任何问题。请永远不要表现得太过宽容，否则这种调皮的牧羊犬就会尝试违抗您的命令。

健康状况 / *SANTÉ*

史奇派克犬质朴、健壮，相当有活力，它所需的体力消耗比一条大型犬要多上两倍。这也是它胃口比较大的原因。

史奇派克犬的分娩不会遇到特殊问题。每窝幼犬的数量平均为3～7只。2013年，法国纯种犬血统名录上有208只史奇派克犬记录在册。

虽然史奇派克犬在户外不知疲倦，忙个不停，但它在楼房里却懂得保持安静。任何生活节奏它都能很好地适应。面对小孩时，史奇派克犬温柔、爱玩，是全家的理想伴侣。它能和同类以及猫和平共处。史奇派克犬会不断地观察四周，面对陌生人时态度拘谨，是优秀的守卫犬。它也爱管闲事，能够抓捕老鼠和其他小型猎物。

史奇派克犬喜欢运动，需要进行大量活动。如果在它18个月大之前能够教育得当，史奇派克犬能够和主人一起做到很多事情：寻找松露、追踪、牧羊，这也是它最初的天职。

史奇派克犬完美的被毛需要定期打理：颈部、背部和前胸的毛需要逆毛梳理，其他部位顺毛梳理即可。如果没有特殊情况，无需给它洗澡。

Schnauzer Nain
迷你雪纳瑞

体长：30～35厘米
体重：4.5～7千克
寿命：13～14年

别看我懒洋洋地待在屋子里，我的精力可相当充沛，在很多项目中，比如障碍赛跑、追踪、寻找松露，我都是一把好手。

这种小型犬严肃、强壮却不笨拙，步态优雅。它的名字跟它那长满了鬃毛、嘴毛和特色浓眉的口吻部有关（德语中“Schnauze”意为“口吻”）。它的被毛硬如铁丝，毛色为黑色、灰白色（黑灰色非常稀有）或白色。

起源 / *ORIGINE*

雪纳瑞犬起源于德国的巴伐利亚王国，当时它们在马厩和马匹生活在一起，抓捕老鼠、田鼠以及其他啮齿动物。它们也陪伴马车夫在不同驿站之间来回奔走。

除了迷你雪纳瑞之外，还有巨型雪纳瑞（体长60～70厘米）和标准雪纳瑞（体长44～50厘米）；迷你雪纳瑞变种是从20世纪初开始在美茵河畔法兰克福被培育出来的。在法国，迷你雪纳瑞的数量每年都在增长。

性格和训练方式 / *CARACTÈRE ET ÉDUCATION*

迷你雪纳瑞是性格稳重的小型犬。它亲近甚至仰慕主人，是极其忠诚的伴侣犬。它个性十足，容不得一点粗暴待遇。迷你雪纳瑞它聪明、调皮，充满自信并且十分活泼。只要您的态度宽容又坚定并且加上奖励，那么它就会服从您的命令。你们会从此默契十足。

健康状况 / *SANTÉ*

迷你雪纳瑞身体结实，完全不惧怕恶劣天气。它有很小概率患上眼部疾病和尿结石。请多加留心雌性迷你雪纳瑞，它们十分贪吃，有发胖趋势。

实用信息 / *CÔTÉ PRATIQUE*

迷你雪纳瑞是大受欢迎的伴侣犬，只要您能够满足它日常所需的体力消耗，它就能轻松适应公寓生活。它具备警戒心，是优秀的守卫犬。请尽早训练它学会适度吠叫。

迷你雪纳瑞几乎不掉毛，这是它的一大优点。

请至少每周为它梳理1次或2次毛发，仔细地把毛结理顺。

繁育情况

迷你雪纳瑞的分娩不会遇到特殊问题。每窝幼犬的数量不一，最多为7只。2013年，法国纯种犬血统名录伤有421只迷你雪纳瑞记录在册。

毛的护理

工具：推子一把、除毛刷一把、梳子一把、细齿修毛刷一把、直剪一把、曲剪一把、锯齿剪一把。

通过定期除毛将柔软的内层绒毛拔除，只留下坚硬的被毛。迷你雪纳瑞的标志性纹理和身形就显现出来了。定期除毛可以避免它受到季节性换毛的影响。

迷你雪纳瑞大约每4个月需要使用修剪刀除一次毛。

脸颊、前胸和臀部的毛都需要进行推剪。在处理脑袋上的毛时，我们需要剪短它的脸毛，剪掉耳毛，把嘴毛和眉毛修剪到一样的长度。重点在于将迷你雪纳瑞修剪出该犬种标志性的短小精悍又强壮的样子。

您可以每周都用修剪刀将它的毛打理一通，就像给它梳理毛一样简单。

请每隔2～3天修剪它的嘴毛。

Shiba Inu
柴犬

体长：35～41厘米
体重：6～10千克
寿命：12～15年

我诞生于日本，在这里度过了上千年，拥有自然遗产的崇高地位。人们说我相当特别，因为我既佛系又神秘。

修长挺拔的四肢稳稳支撑着上身，在日语中意为“小型犬”的柴犬给人一种充满力量又优雅的感觉。它三角形的双眼目光深邃，眼神好似人类。它小巧耳朵的耳尖朝向前方，不禁让人觉得它一直处于警惕之中。柴犬的被毛硬直，内层绒毛柔软浓密。它的尾巴蓬松，高高翘起，卷成一圈贴在背上。毛色有黑红色、红白色、芝麻色（黑白混色）和红芝麻色（黑红混色）。另外存在白色变种，但并未得到犬业正式承认，但却相当热门。作为最受欢迎的日本犬种，柴犬吸引了一大批外国人，从5年前或6年前开始，柴犬的拥有量稳步增长。

起源 / ORIGINE

柴犬是正宗的日本当地犬种，从最古老的时期开始就存在于日本这片土地上了。它们住在山区，面朝日本海，毗邻中国。当捕猎在日本成为一项运动时，人们将柴犬和雪达犬以及英国指标犬进行配种，纯种个体几乎因此绝迹。1928年，为了保护柴

犬，日本犬类保护协会由此诞生。在重新找到这种古老犬种之后，为了让现有柴犬尽可能保持与原始犬种相同的体型，协会成员即刻成立了相关培育计划。1932年，日本犬保存会（相当于法国的中央养犬协会）开始登记日本犬种。柴犬从1937年开始受到保护。如今，日本犬保存会共登记了超过150万只柴犬。

性格和训练方式／ CARACTÈRE ET ÉDUCATION

这种小型犬快乐、活泼，极度敏感，非常喜欢粘着主人。柴犬十分善于表达，根据不同情况，它会微笑，也会生闷气。柴犬很有个性，因此日本人说柴犬的1/4是狗，1/4是猫，1/4是猴子，还有1/4是人……这很好地说明了柴犬的复杂性格：它既高傲又神秘，它反复无常，时而对您充满爱意，时而又无视您，有时候拘谨安静，有时候又精力充沛，动个不停。这种小型伴侣犬的行动捉摸不定，但这正是它的魅力所在。

柴犬易于训练。您需要采取坚定的态度，并在它表现良好时给予奖励。如果它之后不听从命令，您不要做出让步。这种古老的犬种不太会遵从召回指令。

健康状况／ SANTÉ

柴犬非常健壮，鲜少感冒。它能很好地适应恶劣天气。有些个体可能会患上髌骨脱臼或皮肤病。

根据个体的不同，柴犬的胃口大小不一。

繁育情况

柴犬的分娩不会遇到特殊问题。每窝幼犬的数量平均为2～3只。

实用信息

柴犬易于相处，能和全家人愉快共处。它喜爱玩耍，喜欢与小孩为伴。只要您能够满足它的出行需求，它就能很好地适应楼房生活。由于柴犬有离家出走的可能，如果您将它留在花园里，就需要格外注意。请您在散步时牢牢牵住它的绳子，因为当它看到移动物体时会产生追逐的欲望，并且还有可能挑衅其他同类。柴犬勇气十足，面对比自己体型大的同类也不会犹豫分毫。

在陌生人面前，柴犬会显得有些拘谨，但它并不具备攻击性。柴犬是出色的守卫犬，它不会过度吠叫，只会发出警报。

这种小型犬非常讲究。幼犬能够很快学会清洁卫生。柴犬的毛根根分明，不会打结，不需要对其进行太多护理。只需要偶尔简单梳理即可，不过在换毛季，柴犬会大量掉毛。清洁方面，您每6个月给它洗一次澡即可。

Shih Tzu
西施犬

体长：22～27厘米
体重：6～7千克
寿命：13～15年

人们称我为“菊花犬”。因为在我头顶绽放的长毛会令人联想到菊花的花瓣。

这种经常出入于沙龙的小型犬毛发旺盛，与其同胞拉萨犬非常相像，西施犬的表情酷似人类，与它擦肩而过时绝对无法忽视它。该犬种口吻部毛浓密，拥有漂亮的鬃毛和嘴毛。根据传统做法，西施犬的长毛都会用发夹夹起来。它的尾毛十分旺盛，呈壶柄形状垂下。所有毛色都可以得到承认，前额长有白毛的个体非常稀有。

起源／ ORIGINE

西施犬之名意为“狮子犬”，发源于西藏。西藏喇嘛在1643年携带3条标致西施犬进贡给皇帝。该犬种在中国的培育工作要等到19世纪才开始。1930年，西施犬进入英国。20世纪40年代，西施犬被引入法国，如今十分受人喜爱。

性格和训练方式／ CARACTÈRE ET ÉDUCATION

西施犬顽皮、乐天、温顺，充满魅力，它只认一个主人，并且会与后者非常亲近。如果我们嘲笑它或是不公平地对待它，

西施犬会生很长时间的闷气。

西施犬聪明，能够迅速明白我们想要它做什么。您需要采取坚定的态度训练它，因为它可能会戏弄主人。西施犬的性格和猫有些相像，会表现得相当独立，并且会拒绝服从某些规则。

健康状况 / *SANTÉ*

有些西施犬的个体的眼球可能会暴凸，需要您使用专用产品细心清理。请您也多加留意西施犬的耳内健康，预防耳炎。西施犬不会患上特殊疾病，但是某些血统的后代容易出现视力障碍和髂部发育不良。西施犬对高温相当敏感。另外，它扁平的面部注定了它会遇到呼吸系统问题。

请留意它的体重，西施犬有发胖趋势。

实用信息 / *CÔTÉ PRATIQUE*

西施犬能很好地适应楼房里的生活，它在楼房里懂得保持安静，享受悠闲生活。西施犬个性十足。它爱玩、好动，需要大量活动。尤其喜欢障碍赛跑。西施犬善于社交，能和小孩、其它同类以及猫友好相处。

西施犬只会在需要警报的时候吠叫，不会过度吠叫。

它的长毛需要大量的护理工作。您每天都需要打理一遍。

西施犬的分娩不会出现特殊问题。每窝幼犬的数量为4只，有时候为5~6只。2013年，法国纯种犬血统名录有3 374只西施犬被记录在册。

工具：橡胶金属按摩刷一把、疏齿梳一把、密齿梳一把、用于打理毛纹路的尖尾梳一把。

使用金属刷将西施犬全身毛刷一遍，在容易打结的部位多刷几遍：大腿内侧、腹部、前爪后侧（不要忘记肘部下方的毛）、耳后和耳朵下方部位以及鬃毛。从毛根部刷到顶端。如果刷完之后还有毛结，请用手指和刷子将其解开。永远不要在毛结清理完毕之前就展开梳理工作。使用刷子将狗毛彻底打理完毕之后，将其被毛沿着背脊分成左右两股。

如果毛还留有缠结，请不要给狗洗澡，以防毛结成毡状。在给您的西施犬洗澡之前，请仔细检查它的毛，将毛结解开。把西施犬放入浴盆后将其全身打湿后涂抹犬类专用沐浴露并轻柔按摩。用大量清水冲洗一遍后再次涂抹沐浴露揉搓。将西施犬冲洗干净，用浴巾将其包起后侧躺放置，一边用柔软的干发巾吸水，一边用金属刷梳毛，之后用吹风机彻底将它的毛吹干。注意要顺着毛生长的方向吹。

Silky Terrier
丝毛梗

体长：约23厘米
体重：3～5千克
寿命：12～15年

别看我体型小，我的脑容量可大着呢，我能够驾驭所有犬类运动，比如追捕兔子或挖掘松露。

丝毛梗比起其同胞约克夏梗来说要更讲究，体型也更小巧，它被毛丝滑，体态优雅，拥有迷人表情。它别致的“头发”虽然长，但并不会遮挡住眼睛。丝毛梗毛色有蓝红色或灰红色。

起源／ORIGINE

丝毛梗于1900年前后诞生于澳大利亚，是约克夏梗和澳洲牧羊犬与其他不同梗犬的后代。之后丝毛梗进入印度，被印度王公用来抓捕鼠蛇。20世纪30年代，该犬种进入英国，50年代进入美国，60年代之后进入法国。在法国，丝毛梗数量极少。

性格和训练方式／CARACTÈRE ET ÉDUCATION

丝毛梗充满活力又稳重，热爱生活，是一种活泼、亲近人、温顺的梗犬，会尽一切努力讨取主人欢心，陪伴主人做任何事情。这种梗犬非常聪明，十分敏感，记忆力极强，只要您尽早展开训练，不要对它太过宽容，就可以轻松地训练好它。

健康状况 / *SANTÉ*

丝毛梗虽然外表精致，其实相当健壮，基本不会生病。有些个体可能会出现掉毛问题。

丝毛梗胃口适中，喜食蔬菜，比如胡萝卜和四季豆（一定要做熟）。

实用信息 / *CÔTÉ PRATIQUE*

这种小型梗犬非常喜欢小孩。它特别灵活，能够像猫一样自如运用爪子。它也是捕鼠能手。丝毛梗既能和其他动物友好相处，也能表现出咄咄逼人的样子。它喜欢楼房的舒适环境，能够很好地适应楼房生活，喜欢运动，需要每天进行活动。

繁育情况

一般来说，丝毛梗都能顺利分娩。每窝幼犬的数量不一。2013年，法国纯种犬血统名录有10只丝毛梗记录在册。

毛的护理

工具：金属刷一把、金属梳一把、圆头剪刀一把。

丝毛梗的毛丝滑，没有内层绒毛，相当容易打结。要想除去它的毛上的污垢，请您每周为它梳理1～2次。耳部的毛不应过长，请沿着外耳耳廓进行修剪。别忘了眼睛前面的毛也要修剪。丝毛梗的尾毛也应剪短（最多不超过2厘米）。最后修剪爪毛，露出趾尖。您可以每隔2周或3周给它洗一次澡。将其完全打湿后，在丝滑的长毛上涂抹专用沐浴露并仔细冲洗。无需做浴后按摩，将丝毛梗放置在柔软的地方，一边用干燥器将其吹干，一边梳理它的毛。

Spitz Italien
意大利狐狸犬

我是全世界最稀有的犬种之一。在法国，我的数量极少。但我值得大众的深入了解。

雄性体长：27～30厘米
雌性体长：25～28厘米
体重：5～6千克
寿命：14～15年

这种用意大利语叫做“小狐狸（Volpino）”的小型狐狸犬身形方正，看上去好像披了一圈毛套筒。双眼炯炯有神，耳朵小巧挺拔，意大利狐狸犬外表酷似狐狸，看上去非常机灵。它旺盛浓密的被毛又长又直。拥有颈毛和卷在背上的漂亮尾毛。意大利狐狸犬的毛色为单色：纯黑色、纯红色以及稀少的香槟色。

“米开朗基罗犬”故事／*HISTOIRE DU « CHIEN DE MICHEL-ANGE »*

这种意大利“小狐狸”犬已拥有千年历史，并没有经历过太大演变。意大利狐狸犬形象时尚，拥有轻柔白毛、挺拔双耳和尖嘴卷尾，在公元前1500年的古埃及和其他国家的遗迹中就已有它的身影。

意大利狐狸犬在意大利深受欢迎，在许多画作中都有出现。米开朗基罗是该犬种的狂热爱好者，以至于意大利狐狸犬又被叫做“米开朗基罗犬”。据说，当米开朗基罗在西斯廷小堂绘制宏伟穹顶画时，有一条意大利狐狸犬自始至终都陪伴着他。

托斯卡纳和罗马的贵妇们也喜欢养这种狗，因此它也被叫做“佛罗伦萨犬（Chien de Florence）”或“奎里纳莱狐狸（Volpino du Quirinal）”。

19世纪，意大利犬类血统名录排行前12名的伴侣犬中，有8条是意大利狐狸犬。在之后的岁月里，这个数字从未停止过增长，直到第二次世界大战爆发，该犬种的数量才突然锐减。二战结束后，1946年到1950年期间，意大利狐狸犬的数量重新开始上升，但是从未真正恢复到往昔的辉煌。在那时，高品质意大利狐狸犬的数量极少，登记在血统名录上的数量也极少。大约在20世纪60年代，有一位热爱意大利狐狸犬的培育者终于将该犬种成功复活，其他培育者紧随其后，这才使得意大利狐狸犬没有灭绝。

起源 / ORIGINE

作为德国绒毛犬的同胞，意大利狐狸犬在其发源地意大利名声已久。如今，意大利狐狸犬被作为伴侣犬，它听觉灵敏，一直以来都被养在意大利农场中和一种叫做意大利卡斯罗犬的獒犬搭档，用来为后者这种凶猛的守卫犬提供警报。

在法国，该犬种数量极少，2013年，登记在法国纯种犬血统名录上的意大利狐狸犬一只也没有。

性格和训练方式 / CARACTÈRE ET ÉDUCATION

意大利狐狸犬聪明、灵活、乐天、活泼且非常亲近主人。但是它很强势，并且非常喜欢彰显自己的个性。要想让它听话，您就得坚定您的态度。

健康状况 / SANTÉ

除了晶体脱落和髌骨脱臼以外，意大利狐狸犬可能罹患的疾病很少。这种质朴、健壮的小型犬完全不惧怕恶劣天气。它的寿命一般都很长。由于它会消耗大量热量，您无需控制它的进食量。

实用信息 / CÔTÉ PRATIQUE

意大利狐狸犬能很好地适应城市生活，是一种亲近家人和小孩的迷人伴

侣犬。它爱玩，也爱开玩笑。该犬种永远处于警惕状态，听见一点动静就会疯狂吠叫，是非常优秀的守卫犬。要想不打扰邻居，您最好将其养在隔音效果较好的居所里或是独栋小屋里。意大利狐狸犬非常有活力，所以它需要一名喜欢运动的主人带它经常出门，让它自由消耗体力。

虽然意大利狐狸犬的被毛为白色，但完全能够自主清洁。您只需每周给它做上1次毛梳理，就能够让它的毛不再打结。

繁育情况

意大利狐狸犬的分娩不会遇到特殊问题。每窝幼犬的数量平均为3或4只。在法国，培育意大利狐狸犬的犬舍只有1家，在意大利则只有零星几家，所以要想养一只意大利狐狸犬，需要等上很长时间。美国和其他北欧国家已经开始重视该犬种的培育。

Spitz Nain et Petit Spitz
博美犬和小型德国狐狸犬

在这个属于电子警报器的时代，我已经离开了那些守卫犬值班小屋，如今，我在房子里身披华丽的皮毛闲庭信步。

博美犬体长：18～22厘米
小型德国狐狸犬体长：23～29厘米
博美犬体重：2～3千克
小型德国狐狸犬体重：3～4千克
寿命：12～15年

这两种狐狸犬双眼有神，嘴尖耳尖，酷似小狐狸。它们那玩具熊一般的美妙绒毛点缀出了一圈浓密颈饰。它们尾毛蓬松，傲慢地翘起。博美犬和小型德国狐狸犬的被毛长且茂盛，内层绒毛浓密，被毛为纯色或杂色，毛色有黑色、白色、橙色、淡茶色、狼灰色、奶油色、栗色和黑红色。

起源 / ORIGINE

博美犬和小型德国狐狸犬起源相当古老，在石器时代就已出现，是石炭犬以及后来的湖上居民所养狐狸犬的后代，后者是中欧地区最为古老的犬种。

博美犬主要生活在位于东欧地区的波美拉尼亚，这也是它被叫做“波美拉尼亚狐狸犬”和“波美拉尼亚犬”的原因。

17世纪，博美犬得到承认，进入了许多皇

族家庭。直到1870年，博美犬获得英国养犬俱乐部的认证，才真正为大众所熟悉。随后，该犬种的数量在1888年大幅增长，因为维多利亚女王从意大利带回了一只博美犬。这位女王也使红毛博美犬变得流行起来。20世纪初的门卫多养小型德国狐狸犬，它体型更小，具备守卫犬的优秀品质。只要有一点动静，小型德国狐狸犬就会提醒门卫有陌生人在房屋附近出现。如今，狐狸犬仍然保有许多优秀品质，但不再被用于警戒的相关用途。

性格和训练方式 / *CARACTÈRE ET ÉDUCATION*

这种乐天的小型伴侣犬喜欢扮怪相，对一切事物充满好奇。它们非常黏主人，无法忍受和主人分别。它们忠诚、十分敏感、爱亲近人，喜欢爱抚。博美犬和小型德国狐狸犬精力充沛、聪明又稳重，因此您能够轻松地训练它们。它们会非常听话。

健康状况 / *SANTÉ*

通常来说，博美犬和小型德国狐狸犬体质如钢铁般结实，能很好地忍受低温和大雪天气。请您对它们那容易形成牙垢的牙齿多加留心，每天清洁它们脆弱的眼部。博美犬和小型德国狐狸犬有时候会有髌骨脱臼的问题。另外，还请注意控制它们的体重。

实用信息 / *CÔTÉ PRATIQUE*

博美犬和小型德国狐狸犬体型娇小，能够完美地适应公寓生活，是优秀的家养犬。狐狸犬能够和老人愉快相处，也能和小孩打成一片。它们不轻信陌生人，但既不胆小，也不会表现出攻击性。它们是天生的守卫犬，只要听到一点声响就会激烈吠叫。这种小型犬不喜欢独处。请多带它们出去奔跑。

每周给它们梳理 1 次毛，使用野猪毛刷顺着逆毛方向刷一遍表层毛即可。日常的毛护理就这样完成了。您可以每年只给它洗 1 次澡，最多 2 次就够了。

这两种狐狸犬的分娩经常会遇到困难，尤其是对体型特别娇小的个体来说，剖腹产手术是常有的事情。每窝幼犬的数量为3只，很少出现更多的情况。2013年，法国纯种犬血统名录没有这两种狐狸犬数量增加的相关记录。

剪毛工具：刚毛梳毛板、软毛梳毛板、推子、直剪、锯齿剪、除毛刷、铁齿刷、拔毛钳。

腹部、大腿内侧以及爪子下方的毛都需要推剪干净。在进行护理工作之前，请您将缠绕在被毛以及浓密又柔软的内层绒毛上的毛结解开。请非常仔细地梳理狐狸犬全身的毛，沿着顺毛和逆毛的方向各梳一遍，先用刚毛梳毛板将所有毛结清除，再用软毛梳毛板梳理，最后用梳子将所有毛结彻底梳开。有时候需要用到铁齿刷来打开毛结。当把狗毛完全梳顺之后，请您先给它的耳朵除毛，再用专用沐浴露给它洗澡，冲洗干净，使用高温干燥机将毛吹干后再梳理一次。用花边剪将耳廓仔细修剪出三角形形状。用直剪将腿弯的毛以及脸部周围的碎毛修剪整齐，然后梳理后躯被毛。用花边剪将爪子修剪整齐，朝外梳理毛。这样的毛护理不会让狗看上去太过矫揉造作。

Spitz Japonais

日本狐狸犬

体长：30～38厘米
体重：5～10千克
寿命：12～15年

我酷似一只可爱的白色狐狸。我起源于日本，凭借美貌和良好的性格在日本成为了小型伴侣犬之星。

日本狐狸犬优雅、匀称，步态充满活力。它有一双深邃杏眼，表情活泼友善。它的被毛毛量可观，根根分明挺拔，内层绒毛浓密，短而柔软。日本狐狸犬鬃毛浓密，漂亮的大尾巴翘起，贴在背上。它的被毛呈纯白色。今天，法国对日本狐狸犬的需求量正在慢慢增多。

日本狐狸犬的故事 / *SON HISTOIRE*

有些人认为这种小型狐狸犬的祖先应该是萨摩耶犬，是由萨摩耶慢慢变小而来。但是，我们通常认为日本狐狸犬是白色大型德国狐狸犬的后代，1920年前后，它的祖先远渡西伯利亚和中国东北，登陆日本。1921年，该犬种第一次出现在东京展会上。直到1936年，来自加拿大、美国、中国和澳大利亚的白色大型狐狸犬被引入日本，相关犬种的迷你体型选育才开始，这才有了今天的日本狐狸犬。1948年，日本养犬俱乐部制定了日本狐狸犬的犬种标准。该标准在今天仍在施行。

性格和训练方式 / *CARACTÈRE ET ÉDUCATION*

日本狐狸犬非常聪明、乐观、机灵，这种性格随和的小型伴侣犬非常亲近家人，会跟着全家人到处跑。它非常善于社交，能和动物以及人类友好相处。它细心，对所有事物充满好奇，理解能力强，您只要采取坚定又柔和的

态度训练它，就不会碰到什么问题。日本狐狸犬喜欢以自我为中心，平时训练中您要知道如何让它摆正自己的位置。

健康状况 / *SANTÉ*

日本狐狸犬健壮，不惧寒冷。某些个体会出现髌骨脱臼的问题。请注意不要过度喂食，留意它的体重。

实用信息 / *CÔTÉ PRATIQUE*

日本狐狸犬既能适应城市生活，也能适应乡村生活。只要您在每日出行

散步时满足它的活动需求，它就能安分地待在楼房里。另外，日本狐狸犬还非常擅长障碍赛跑。

日本狐狸犬爱玩又活泼，能和小孩相处得非常好。

日本狐狸犬对待陌生人的态度十分谨慎，能很好地扮演守卫犬的角色，吠叫适度。

日本狐狸犬非常讲究卫生，要对它进行护理非常轻松。请注意经常清洁它的眼部，将棕色泪痕擦拭干净。每周至少对它进行1次毛的护理，清除死毛，解开毛结。

繁育情况

日本狐狸犬的分娩不会遇到特殊问题。每窝幼犬的数量平均为3～4只。在法国，培育日本狐狸犬的犬舍相当稀少。2013年，法国纯种犬血统名录记载了98只日本狐狸犬。

Teckels Nain, Standard et Kaninchen
迷你腊肠犬、标准腊肠犬和兔型腊肠犬

标准腊肠犬体长：从前胸算起超过35厘米
迷你腊肠犬体长：从前胸算起30～35厘米（满15个月）
兔型腊肠犬体长：从前胸算起可达30厘米（满15个月）
标准腊肠犬体重：少于9千克
迷你腊肠犬体重：约4.5千克
兔型腊肠犬体重：约3.5千克
寿命：14～15年

没有人可以抗拒我们的魅力。"一朝养腊肠犬，一生爱腊肠犬"，话不是这么说的吗？

腊肠犬是一种猎犬，拥有漂亮的头部，表情丰富。该犬种身形修长，结实有肌肉，四肢较短。腊肠犬有三种体型，也因此有三种毛发类型。一种为丝滑柔顺的亮丽的长发。一种为厚实短平且紧贴身体的毛。这两种类型的毛色一般都为单色（红色）或双色（黑红色），以及较为稀有的阿尔列金黄色。刚毛腊肠犬全身被有规则被毛，还有嘴毛和浓密的眉毛。刚毛型毛色可能为双色（黑红色）或野猪色。这三种毛型中，巧克力色都很稀有。兔型腊肠犬现在还不太常见。该犬种身体十分强壮。

性格和训练方式 / *CARACTÈRE ET ÉDUCATION*

这种多功能猎犬不仅热情十足、充满勇气、具有恒心、嗅觉灵敏，而且充满柔情，拥有令人无法抗拒的眼神。腊肠犬稳重、爱玩又淘气。长毛腊肠犬是这三种腊肠犬中最为温柔和黏人的。刚毛腊肠犬则是最为固执的。腊肠

腊肠犬的故事／*SON HISTOIRE*

腊肠犬从中世纪开始就在德国出现了。中世纪有很多文学作品都对这种四肢短短的小型犬有所描述，该犬种被用于捕猎，尤其是追捕穴居动物。画作、木雕或毯子的捕猎场景中也有腊肠犬的身影。然而，旧时的腊肠犬和现代腊肠犬的样子相去甚远。冯·弗莱明（Von Flemming）在其1719年出版的《完美的德国猎犬》（Le Parfait Chasseur allemand）一书中就已经对腊肠犬最为典型的短毛品种有过相当精彩的描述。此外，在当时不少关于打猎活动的文献中我们都可以找到和腊肠犬相似的描述。布丰（Buffon）在1793年所写的文字内容中提到的犬种毫无疑问就是现代腊肠犬的祖先。迷你腊肠犬和兔型腊肠犬是从19世纪初开始在德国和奥地利被选育出来的。腊肠犬的严格选育于19世纪后半叶开始，第一批腊肠犬俱乐部随之诞生。自此，作为能够捕猎地上动物和穴居动物的优秀猎犬，腊肠犬变得大受欢迎，尤其是在英国。因此，第一批腊肠犬谱系诞生于英国，今天，为了保证腊肠犬的纯正品质，这份谱系仍然在腊肠犬培育中占有控制性的主导地位。1840年，腊肠犬血统名录在德国创立。那时在中欧地区，腊肠犬的数量急剧增长。在柏林的第一届展会上就有超过300只腊肠犬出席。19世纪末，该犬种开始在全世界普及，腊肠犬第一次进入美国。今天，生活在城市里的腊肠犬已经很少参加捕猎活动，成为了伴侣犬，其凭借着友善又充满活力的性格深受人们喜爱。

犬占有欲强，会表现出嫉妒心。您需要采取严格、耐心又温柔的态度，从它很小的时候就开始训练它。

健康状况／*SANTÉ*

腊肠犬是一种健壮、结实的梗犬。它唯一的弱点在脊柱部位。要想避免让它患上椎间盘突出，您需要让它进行充分锻炼以使背部强壮起来，做好饮食管理，减少上下楼梯的次数，尤其是在它的成长期。

实用信息 / *CÔTÉ PRATIQUE*

腊肠犬只要每天能够出去几次并自由奔跑，就能够很好地适应楼房生活。您可以将迷你腊肠犬和兔型腊肠犬这两种变种轻松地装进包里携带。老年人们对这两种小型腊肠犬青睐有加。

一般来说，腊肠犬会和陌生人保持距离，它的叫声相当响亮，并且只要训练得当就不会过度吠叫，是优秀的守卫犬。它能和家里的猫以及其他狗友好相处。在户外，它无惧一切，可能会攻击雄性同类。

长毛型腊肠犬需要每天进行毛梳理，而刚毛型只需每周梳理1～2次。

腊肠犬的分娩不会遇到特殊问题。每窝幼犬数量不一：迷你腊肠犬通常为3～6只，兔型腊肠犬则为4只。2013年法国纯种犬血统名录记录在册的腊肠犬有3 760只。

Terrier Écossais
苏格兰梗

体长：25～28厘米
体重：8.6～10.4千克
寿命：12～13年

在我那文质彬彬的绅士外表下，有一颗爱开玩笑的心和相当独特的个性，我还是一名懂得生活艺术的“哲人”。

苏格兰梗也被叫做“斯科蒂梗（Scotish Terrier）”，在所有犬种当中，我们可以认出它那副由长脑袋、嘴毛和眉毛组成的严肃模样。它身子矮长、强壮，四肢较短，但这并不妨碍它拥有轻巧的步态。苏格兰梗的被毛有黑色、小麦色或有黑斑，看上去像穿了某种围裙。它的被毛粗密坚硬（像“铁丝”），内层绒毛短密柔软，能够完美地保护它不受恶劣天气侵袭。

起源／ ORIGINE

苏格兰梗起源于苏格兰高地，被选育出来用于抓捕水獭、獾和狐狸。该犬种相当有耐力，能够在寒冷的雨天，在陡峭的地形上持续工作一整天。它很早就在英国成为了伴侣犬。苏格兰梗在法国的培育从20世纪60年代开始，一直以来都有爱好者。

性格和训练方式／ CARACTÈRE ET ÉDUCATION

苏格兰梗十分有个性，独立又低调，但是非常忠诚，爱黏着主人。就是这样如猫一般的性格，它会偶尔想要得到爱抚并亲近人。大胆又固执，苏格兰梗总是能表现出一副充满勇气的

样子。

它眼神率真，能够集中注意力。苏格兰梗非常聪明，对语调变化相当敏感，会想尽办法讨好主人，学习能力很强。由于该犬种十分贪吃，所以您需要以奖励机制为主对它进行训练。

健康状况 / *SANTÉ*

这种梗犬耐热，更耐寒。

苏格兰梗特有的痉挛症会妨碍某些个体行走，目前还没有基因测试可以将其检测出来。这种症状会在苏格兰梗感到有压力的时候出现。这并不是大问题，苏格兰梗能够正常生活，不过您还是得多加注意，以防病情加重。

苏格兰梗会患肝病及有引发头皮屑的皮肤油脂分泌问题，需要主人注意。无需控制它的饮食，除非它真的运动不足或有发胖迹象。

实用信息 / *CÔTÉ PRATIQUE*

这位绅士能够很好地适应城市生活，融入家庭氛围。对于年纪稍大一些、懂得尊重苏格兰梗的孩子们来说，它是一名好玩伴。它能够安定地套着牵引绳散步，在出游时也能表现得十分镇定。比起其他犬种，苏格兰梗能够更快学会清洁卫生。当我们将它独自留在家中时，它也能十分淡然地等待主人归来。面对陌生人时，它比较多疑。请您在河边时多加小心，因为苏格兰梗不会游泳。某些个体会比较喜欢运动，剩下的则比较懒散，这取决于它的血统。

苏格兰梗，为画而生 / LE SCOTTISH. UN CHIEN D'IMAGES

詹姆斯·布坎南（James Buchanan）喜欢动物，选择了梗犬为苏格兰威士忌品牌黑白（Black and White）代言。第一批广告中出现的是两条品种不详的梗犬，随后是一黑一白两条苏格兰梗，最后是一条黑色苏格兰梗和一条西高地白梗。这两条梗犬自此一直留在这一著名威士忌品牌的瓶身上。到了20世纪30年代，在法国，这种身材矮小、体态方正、步态扭捏的狗却受到热烈追捧。在创作者看来，苏格兰梗的样貌和当时的简朴设计风格非常相符。设计师波勒·拉布（Pol Rab）（1893—1933）设计了苏格兰梗拉克（Rac）和其伙伴狐狸梗里克（Ric）这两个形象，这使得苏格兰梗的数量增长了不少。它所创作的这两条小梗犬是一部漫画的著名角色，还拥有同名杂志，并且衍生了各种周边：金属胸针、烟灰缸、彩釉或木质小摆件、鞋油收纳盒还有明信片。

苏格兰梗需要每周至少进行一次毛的护理，请注意不要遗漏任何一个毛结。需使用刚毛犬专用沐浴露为其洗澡。除毛这项比较专业的工作则需要大约3个月做一次。

雄性苏格兰梗在与雌性交配时通常都会遇到困难。雌性在分娩时也经常需要进行剖腹产手术。每窝幼犬的数量不一，从2～12只不等。2013年，法国纯种犬血统名录上有575只苏格兰梗被记录在册。

West Highland White Terrier (Westie)
西高地白梗

体长：25～28厘米
体重：6～8千克
寿命：12～13年

我能翘起嘴唇来微笑，也能自如地发出特殊的叫声，甚至还能把牙齿磨得嘎吱作响来让您明白我的心情状态。这些，其他狗狗做得到吗？

这种迷人的白色小型犬充满活力，双眼漆黑，模样调皮，面容和善。西高地白梗洁白的毛刚硬不打结。内层绒毛短软致密。它身体结实，给人一种精力充沛的感觉。

起源 / *ORIGINE*

根据某些说法，西高地白梗的祖先是在1588年跟着无敌舰队登陆西班牙的。另一种说法认为居住在阿盖尔郡的爱德华·唐纳德·马尔科姆上校（colonnel Malcolm de Poltalloch）是该犬种的最初培育者。马尔科姆上校在将自己心爱的凯恩梗和狐狸混淆误杀之后，决定自己选育出只有白色一种被毛颜色的梗犬。曾在英国长期被用于抓捕鼠害的西高地梗如今已成为伴侣犬，1988年，一家著名食物品牌将西高地

梗的肖像放在了其旗下的高档压缩罐头外包装上，从此该犬种在法国大受欢迎。之后，西高地梗就一直都有许多追随者。

性格和训练方式／ CARACTÈRE ET ÉDUCATION

这种小型梗犬精力旺盛、活泼、贪玩、十分调皮、爱开玩笑，在家中扮演着开心果的角色。西高地白梗生来精神洋溢，但也懂得把握分寸，耐心又稳重。

西高地白梗喜欢得到爱抚，憨厚、易于相处，只要您采取坚定又温和的态度尽早开始训练它，西高地白梗就会成为讨人喜爱的伴侣犬。另外，即使是在玩游戏时，您也需要树立权威，对它的叛逆表现出零容忍的态度。西高地梗个性独立，会想尽一切办法翻身做主人，如果您被这位固执小子的滑稽动作迷惑而“放松警惕”，那可就大事不妙了。

健康状况／ SANTÉ

西高地白梗极其健壮，不惧严寒，也不怕恶劣天气。如果护理不佳或饮食不当，某些个体可能会出现皮肤问题。

请经常清洁西高地白梗的耳部，防止它患上耳螨。

西高地白梗并不贪吃。但是它有时候比较难缠，会在桌边讨求食物。不要一时心软不断给它喂食，并多留心它的体重。

实用信息／ CÔTÉ PRATIQUE

西高地白梗只要能够进行足够的散步和运动，就能够很好地适应公寓生活。西高地白梗无所畏惧，所以有可能会攻击比自己体型大得多的同类。它能够接受家里有其他动物存在，并相当乐意和其他西高地白梗共享生活。西高地白梗对待陌生人态度友好，不过也会为了警报而吠叫，但吠叫适度，是优秀的守卫犬。

西高地白梗的毛没有体味。您需要每周为它进行一次毛的护理，要想让它维持该犬种该有的标准样貌，您需要每3个月为其进行一次局部除毛，以清除死毛。如有特殊情况，请使用专用沐浴露为它洗澡。

西高地白梗的配种工作总是不太容易。在分娩时也常需要借助剖腹产手术。每窝幼犬的数量平均为2～4只。2013年，法国纯种犬血统名录上有2 224只西高地白梗记录在册。

工具：金属双头梳（一头疏齿、一头密齿）、按摩刷、直剪。

请顺毛刷一遍背部，从耳后开始一直刷到尾部。然后用梳子梳理一遍，检查毛结残余。用同样的方法打理体侧毛。打理完被毛之后，用按摩刷“把毛刷蓬”。先顺毛刷一遍前爪、后爪以及臀部，再逆毛刷一遍，然后用梳子再梳理一遍。最后刷一遍头部的毛，用刷子把毛往鼻子方向刷拢，然后把后躯毛往耳朵方向刷拢。再用按摩刷把毛刷得蓬松一些。用直剪处理肉垫之间的毛，肛门附近的毛需要剪短一些，以防沾上尿液。在城市里生活，狗狗的毛经常会变脏，请用白毛犬专用沐浴露给它洗澡。

Xoloiztcuintle

佐罗兹英特利犬

体长：25～35厘米
（最大的变种个体体长可达62厘米。）
体重：4～6千克
寿命：14～16年

我是一种造型滑稽的无毛小型犬，拥有上千年资历。我外形独特、步态威严、数量稀少，吸引了一批口味独特的爱好者。

这种也被叫做“墨西哥无毛犬”的小型伴侣犬拥有优雅的步态。它有着长长直立的耳朵、尖嘴、漂亮的杏眼还有十分深情的眼神。佐罗兹英特利犬除了尾巴末端、足部、后颈和前额长有少量毛以外，其他地方无毛。它的毛平滑且十分柔软，毛色呈深色，通常为纯色：黑色、灰黑色、深灰色或板岩色、青铜色、红金色和猪肝色。存在有毛变种，但很稀少。

起源／ORIGINE

该犬种从很久以前就已经出现在墨西哥了，因为在公元前1700年的一座小雕像上就有一名妇女哺育了一条“佐罗”犬的画面。

在西班牙征服阿兹特克帝国之前，阿兹特克人将佐罗兹英特利犬奉为负责引导亡魂去往冥界的神明修洛特尔（Xolotl）的化身，而佐罗兹英特利犬会为其逝去的主人陪葬。作为伴侣犬，佐罗兹英特利犬后被当作主人的暖床狗。

在西班牙征服阿兹特克帝国时，佐罗兹英特利犬几乎被赶尽杀绝。大约在1925年，画家弗里达·卡罗（Frida Kahlo）和其丈夫迭戈·里维拉（Diego Rivera）投身于该犬种的培育工作当中，从零星的幸存个体开始，佐罗兹英特利犬最终被拯救下来并为人所熟知。

今天，佐罗兹英特利犬在欧洲十分稀有；尤其是在法国，它的数量更是十分稀少。

性格和训练方式／*CARACTÈRE ET ÉDUCATION*

佐罗兹英特利犬是一种迷人的小型犬，十分讨人喜欢，文静又快活。它很聪明，喜欢主人，会到处跟着主人，对主人的命令有极强的接受能力。您能够非常轻松地训练它。

健康状况／*SANTÉ*

该犬种十分健壮，并没有特殊病症。

夏天，这种犬喜欢沐浴在阳光之下。冬天，它也不需要外套。

该犬种胃口相当大，需要控制体重。

实用信息 / *CÔTÉ PRATIQUE*

这种犬能够安静地待在家中，它喜欢躺在自己的窝里或主人的床上，在外面时，它又活力十足。佐罗兹英特利犬行动迅速、灵活，能够跳出漂亮的弧度，是优秀的运动健将。

佐罗兹英特利犬是老人们理想的伴侣犬，在陪伴小孩时也充满耐心。它能够和家中其他动物和平共处。该犬种的雄性个体之间可能会出现针锋相对的倾向。这种犬对待陌生人非常冷漠，但永远不会表现出攻击性，不会感到胆小怯懦。它非常警觉，叫声响亮，是优秀的守卫犬。

这种原始犬种无论是配种还是分娩都不会遇到困难。每窝幼犬的数量平均为2~5只。

Yorkshire Terrier
约克夏梗

体长：15～23厘米

体重：低于3.2千克

（成年玩具约克夏的体重低于2千克。）

寿命：15～16年

我是全世界很受欢迎的迷你犬。虽然我长得像玩具，但是请您不要被欺骗了，我拥有名副其实的梗犬性格。

约克夏梗活泼的步伐不失优雅。耳朵直挺，感情丰富的闪亮双眼既柔情又机灵，使它变得俏皮可爱。约克夏梗有一身轻飘飘的丝滑长毛，身体为刚青色，口吻部和足部为浅黄褐色。

起源／ ORIGINE

该犬种起源于约克夏梗，是英国玩具梗、马尔济斯犬和斯凯梗繁育而来的后代。1870年才被正式命名为约克夏梗。约克夏梗具备梗犬素质，被用于捕猎。小型约克夏梗的培育是从20世纪30年代开始的。在法国，该犬种非常受欢迎。

性格和训练方式／ CARACTÈRE ET ÉDUCATION

这种小型梗犬对主人充满爱意，

喜欢讨好主人。活泼、警觉、冲动、欢快，约克夏梗个性十足，经常钻牛角尖。该犬种特别聪明，也很爱玩，只要您态度坚定，就可以轻松训练它。当它服从命令时，请您表达出自己的满意。但是您得保持谨慎，并且在必要时请不吝批评，否则，它可能会无法无天。

健康状况 / *SANTÉ*

这种小型犬十分健壮，能够在任何天气出行。不过，约克夏梗的牙组织不好，也容易滋生牙垢。某些个体还会受颈椎病、髌骨脱臼或髋骨脱臼的困扰。

约克夏梗十分贪吃，但胃口很小，每天会少食多餐。

实用信息 / *CÔTÉ PRATIQUE*

约克夏梗能够很好地适应公寓生活，但不要对其过度保护。它喜欢运动，耐力极强，所需活动量很大。叫声响亮，约克夏梗是优秀的守卫犬。如果能够对它及早进行社交锻炼，那么它就能够和其他动物和同类和平共处。它喜欢陪伴小孩。请您注意，约克夏梗胆子很大，并不惧怕比自己体型大的同类。请不要将它单独留在车里或将其拴在商店门口，因为有人可能会把它偷走。

您需要每天使用软刷对约克夏梗进行毛的护理，否则可能会产生毛结。请定期对其眼睛上方的毛进行修剪，以防其妨碍视线。

雌性约克夏梗经常会拒绝和雄性交配，分娩时也经常需要剖腹产手术。体型最小的个体每窝会诞下2～3只幼犬。2013年，法国纯种犬血统名录上有5 806只约克夏梗被记录在册。

工具：橡胶柄按摩刷（无针球）、尖尾梳、剪刀。

从耳毛护理开始。用剪刀将耳朵上方毛发减去1/3，使耳朵轮廓清晰呈现三角形。

约克夏梗属于很少见的不需要在洗澡前把毛发梳顺的犬种：它的毛发特别细腻，甚至到了能“被捏碎”的程度。

在洗完澡之后，一边使用干燥器将毛发温和烘干，一边用按摩刷抬起被毛。在这过程中之前产生的毛结会自动解开。最多每15天给约克夏梗洗一次澡就可以了。

请用尾梳沿着背脊划出一道纹路。然后用梳子从头到尾将梳理一遍，不需要梳理嘴毛。

如果要打理它的“刘海”，您要么将刘海剪掉，让约克夏梗的眼睛露出来，要么用橡皮筋将碎发扎起来。

如果您的约克夏梗的被毛过长，请进行修剪，只要毛不拖地即可。

将爪毛向下梳理，然后将其修剪圆润，与地面平齐；修剪肉垫之间的毛。如果您的约克夏梗已经得到了血统名录承认，或者您想要得到血统名录认证的话，请不要照着“新面孔”或“宝宝”模样对您的约克夏梗进行创新的毛的修剪，因为法国约克夏梗俱乐部不承认这种时尚造型。

Bâtards et corniauds
混种犬和杂种犬

体长：少于30厘米
体重：身材匀称
寿命：17～18年

通常来说，我的尾巴是翘着的，我的步态有自己的独特风格，我的毛类型也无从辨认。不管我长得怎么样，在我的主人眼里我就是最棒的狗。

混种犬是两只品种犬所繁育的后代，但不能和其同胞兄弟一样得到血统名录的承认，而作为不明血统的杂种犬就更不用说了。这些狗大部分来自收容所，你也可能会在街头与它们相遇而把它们带回家。

起源 / ORIGINE

这种伴侣犬可能从天而降，也可能在某个路口转角等着您。您发现一条狗正在街上紧张地徘徊，不知何去何从。您确认它没有任何身份证明，也没有任何人想要它。

您被它那“养我吧”的眼神打动，于是开始着手办理养狗手续，这份偶遇并没有让您感到不快。

另外，您与它的缘份也可能来源于馈赠，它也可能是家里刚生下一窝小狗的友人送了您的。这位友人一定会告诉您小狗能够给您带来多少快乐以借此说服您，而您则会因此多少欠下一份人情。您得知道，要训练一条混种犬或杂种犬可得费上一段时间和耐心。前往动物保护协会旗下千万收容所中的其中一处去收养一条“没有品种”的狗是一项需要经过深思熟虑、更需要一颗慈善之心的决定。

性格和训练方式 / CARACTÈRE ET ÉDUCATION

一般来说，拾获而得的狗总是会有意想不到的表现。

如果是一条弃犬，那么它通常会对新主人怀有满腔爱意和感激之情，从让自己变得懂事听话开始，想尽一切办法讨好新主人。

如果是一条有着痛苦过去的狗，可能要等上好几个月它才能取得安全感，不过，一旦放下心来，它就会变得很好相处了。

健康状况 / SANTÉ

狗狗刚到家中时，请您马上带它接受兽医的健康检查并接种疫苗。也不要忘记驱虫。

在收容所收养一条没有品种的小型犬有许多好处。您无需出资为它接种疫苗和绝育。而且比起会患上各种遗传病的品种狗同胞来说，这种狗通常更加健壮。所以，看病的支出通常来说也会相当少。

混种犬、品种犬如何抉择 / BÂTARD. CHIEN DE RACE :COMMENT CHOISIR

那些选择纯种犬的人有自己的理由：他们被品种犬的外貌及其表现出来的品种犬特有行为——虽然无法避免有意外情况发生——所吸引。也可能是因为他们想要一条能够参赛的血统犬而且他们也并不抗拒去购买一条伴侣犬，即使有时候需要花一大笔钱。偏爱混种犬或杂种犬的人则拒绝为犬业交易做贡献，他们更喜欢拥有一条与众不同的狗。在收容所，他们可以选择一条幼犬慢慢培养，也可以给老年犬一次机会。不管怎样，在任何情况下，遵从内心是最重要的。

Le guide du bien-vivre

如何与狗狗一起

avec son chien

共享美好生活

作为一名负责的主人，您需要满足这些小型犬的日常所需：精心喂养、健康医疗、美容护理以及教它举止文明！您可以对自己的爱犬呵护有加，让它去各种犬类比赛中一展风采，但是请您不要盲从“横行肆虐”的“爱宠狂潮”风气，把小型犬当作宝贝皇帝一样来伺候。

Bien éduquer son chien
乖乖狗是教育出来的

立刻教它学会文明举止。

刚来的那几天 / *LES PREMIERS JOURS*

刚到家时，小狗几乎整天都会睡觉。不要去打扰它，如果您有小孩，请好好告诉他们不要总是吵醒小狗，也不要总是对小狗动手动脚。

当小狗长到2~3个月大时，如果它来自家庭犬舍，这意味着它已经和其他狗以及人类有过了充分必要的接触，虽然在一开始，刚和母亲以及其他兄弟姐妹分开的小狗会感到不安，但它会有很大可能能够很好地融入到家庭当中来。为了寻求安全感，它会紧紧黏着您或是其他照顾它最多的人。

第一个夜晚，它会哭。不要把它放进您的房间，更不要把它放到您的床上。将它的窝放在离您睡觉地方的不远处，如果有可能的话，铺上一块沾有它母亲气味的布料，放上一个会小声滴答作响的闹钟来模拟它母亲的心跳声，再放上一个绒毛玩具供它啃咬。这些应该可以帮助它克服焦虑。

要想训练获得良好成效，您需要了解小狗的性格和敏感度。它的性格和品种有关，小狗的培育者应该已经将相关信息告知过您。

无论是小型犬还是大型犬，都应该严格教育。即使您想要不停地宠溺它，即使您被它的可爱所征服，您也要经得住考验，从它很小的时候就教它好好表现，否则，它会很快养成坏习惯。请您一边叫它的名字，一边教给它哪些是不该做的事情，哪些是该服从的命令。它会慢慢习惯，无法再充耳不闻。

教它清洁卫生 / *ENSEIGNEZ-LUI LA PROPRETÉ*

您作为主人首先需要费神的事情就是教小狗学会清洁卫生。请您耐心一点，因为这可能是一场持久战，要想不出任何“意外”，平均需要花上4~6个月。最难训练的是那些在笼子里长大的小狗，因为它们已经养成了在自己窝里上厕所的习惯。

为了它的安全 / *POUR SA SÉCURITÉ*

幼犬很容易将自己置于危险境地。请不要让它接触易碎品，尤其是那些它可能会吞下去的东西，以及公寓里某些对狗来说有毒的植物。将家具后面的电线都收好，给电源插座装上保护套。将装有家居用品的壁橱牢牢关好（或将这些物品放在它够不到的地方）。将您的鞋收进衣柜里，把书都摆放到高高的书架上。不要让它拖着塑料袋到处跑，因为您的小狗可能会因此而窒息。可以考虑把它可以够到的门窗都关紧。

实战 / *EN PRATIQUE*

理想情况是您能够在空闲时间比较多的假期里接一只小狗回家。您花在它身上的时间越多，它就能够越快地学会清洁卫生。小狗在刚睡醒时就会想上厕所。所以您需要每天尽早带它出第一次门。然后，每次在它吃完饭后就马上带它出去。如果它还没有接种疫苗的话，请选择到一些没有狗狗粪便的地方。

除此之外，小狗每隔2个小时还需要撒一次尿。请您自行作出预判。当它围着自己转或是在角落里闻来闻去的时候，请马上带它出门。要24小时全天候不间断地看着小狗是不可能的，所以意外是无法避免的。

当它随处便溺，把它的头按在尿渍上教育它或是用报纸抽它的屁股都是没用的。

请不要当着小狗的面清理它的排泄物，这会让它产生兴趣，重蹈覆辙。请用醋水清洗地面，因为小狗不喜欢这种味道。

每当您发现它有排泄欲望时就跟它说“不”，然后将它抱起放到干净的垫子上（报纸就可以完美应付了）。等它排泄完之后鼓励它、爱抚它。之后，在您带它出门时记得带上报纸，将其铺在排水沟上。小狗能在那里找到自己的气味，这种气味可以刺激它在上面排泄。由此一来，小狗就能自然而然地学会在排水沟里解决生理问题了。

如果您有花园，那么清洁卫生的学习会更加简单。一开始，您就可以给您的小狗挑个合适的地方供它解决生理问题。它会习惯在那个地方排泄，而不会在草坪中央乱拉。

教它学会独处，不要吵闹／ *LUI APPRENDRE À RESTER SEUL, SANS MANIFESTER BRUYAMMENT*

在主人离家期间，许多狗会不停嚎叫、吠叫，有时会给邻居造成严重的困扰。还有一些狗为了缓解自己的焦虑，会在家中搞破坏或大小便。

清洁垫子虽然可以使用，但是最好不用 / LE TAPIS DE PROPRETÉ, OUI MAIS...

那些无法满足狗狗出行需求的主人通常会在离狗进食处隔有相当一段距离的位置放上一个塑料盒，在里面铺上一层超吸水材质制成的垫子，教狗狗在垫子上解决生理需要。但是这种清洁垫子很容易就会让小狗甚至是成年狗失去它们维持身体健康所必需的出行活动。请不要忘记，所有狗狗，即使是小型犬，都应该尽可能学会在户外解决排泄问题。

这些恼人行为并不是小型品种犬特有的行为，其他犬身上也非常常见。对狗这种群居动物来说，它们天生无法忍受孤独，所有的这些行为表现都是狗以为自己“被抛弃”时发出的求助信号。

它得学会和您分开 / IL DOIT SE DÉTACHER DE VOUS

要想解决这些问题，您得首先让小狗在家中习惯孤独。如果它过早离开母亲怀抱、到您家里时还不到3个月大的话，那么它的母亲就还没来得及通过将它赶走和慢慢减少和它的接触来教它学会独立，它就会自然而然地寻求您的保护，并且在您离开时开始“痛哭”。

您需要马上让它习惯分别。即使很难，您也要在它寻求爱抚时将其赶走。需要迈出第一步的人永远是您。但这并不会影响您多加呵护它。和家人一起养狗，不要由您一个人负责照顾它，这样就可以避免它对您过度依赖，而这正是它在和您分开时变得焦虑的原因。

如果，即使您已经尝试了上述所有办法，您的小狗或成年狗还是会在您离开时嚎哭，您可以尝试一下假装出门的方法：关上门，在门外待上2分钟再回家，之后是5分钟、10分钟。这项训练需要重复多次，您的狗最终会明白您是会回家的，它的不安就会渐渐消失，正常情况下，它也会停止

嚎哭。

另一种解决方法是让分别变得不那么悲伤。找准一个出门的好时机，渐渐无视您的伴侣犬，然后悄无声息地关上门，一个字也不要和它说。更好的情况是：在它没有察觉之前就离开。

在您回家时，它会蹦跳着、发出高兴的叫声来欢迎您。等它平静下来之后再爱抚它、奖励它。最后，它就能学会忍受您的离去，不再把分别看得那么严重。

不要让狗弄脏房间或肆意搞破坏 / NE LAISSEZ PAS LE MALPROPRE ET LE VANDALE S'EXPRIMER

如果被单独留在家中，狗可能会肆意搞破坏，甚至会把家当成厕所。

如果您回家时发现地毯上有尿迹、您最爱的杂志被撕成碎片、甚至在您那被压扁的靠垫上还有几片鹅毛，什么也不要说！不仅仅是因为您的狗狗并不知道自己干了什么蠢事，而且它也无法将您的怒火和它之前的所作所为联系起来。在这种情况下，您也不应当着它的面收拾残局。在您打扫的时候，把它关到别的房间里。

如何避免狗重蹈覆辙 / COMMENT ÉVITER QUE LE CHIEN NE RÉCIDIVE?

当您出门时，将它留在入口或没有任何东西可破坏的房间里。给它留下狗窝、水盆、狗粮以及供它啃咬的玩具。把所有能够让它即兴发挥的东西都放在它够不到的地方，包括鞋子、衣服。

要想让狗不再处于会搞破坏的压力状态，最好的办法就是早晚带它出去散步，持续时间长一些，让它和同伴们一起激烈活动一番。

不要把狗狗独自留在汽车里 / OUBLIEZ LA VOITURE

在工作时把狗狗留在车里而不是家里可不是一个好办法。您的狗狗不仅会因此无法学会独自留守在家中，而且可能会被偷，因为有很多小偷觊觎着小型品种犬，还可能中暑。这种情况比我们想象中还要频发。

不应让狗恣意妄为 / *IL NE DOIT PAS EN FAIRE QU'À SA TÊTE*

给小狗下一些基础禁令，不要犹豫：教它不要跳到长沙发或床上去。每次它想上去的时候就跟它说“不”。捏着它的后颈提起后将其重新放回地上。只需一句坚定的“不”，无需其他它听不懂的多余言语。

小狗在玩耍时可能会啃咬您的手。永远不要随它去。否则，等它长大之后，有可能会变得爱咬人。如果它用小尖牙咬您，请您大声喊一声“哎哟”，然后将其推开，并在一分钟内不再理睬它。它会讶异于您的反应，而您不再理睬它这一情况会让它觉得自己受到了惩罚。正常情况下，小狗会很快明白它不应该咬您的手。

也要禁止它撕咬植物、书籍或窗帘下摆。每当它准备在您面前干这些坏事时，您只需说一句简单权威的“不”就够了，如果能同时再扔给它一只玩具就更好了。如果即使如此它还是我行我素，请您拿植物用喷壶往它嘴部喷水。这个方法总是很有效果。

让狗乖乖听话的小技巧 / *ASTUCES POUR SE FAIRE OBÉIR*

对于每一项禁令，您的命令都要简短，并且每次都要重复同样的词、同样的手势。尤其是当狗还没有完全听从命令的时候，您需要坚持一致。等它听话之后，请用爱抚来奖励它。

向不合时宜的热情说“不” / *DITES « NON » AUX FÊTES INTEMPESTIVES*

许多狗会在主人或客人踏进家门时扑跳到他们身上。狗会尝试嗅探来客的脸，这是它们问好的方式。狗往人身上扑跳这一行为可能会产生危险。可能会将小孩或是老人掀倒在地。请不要让您的狗养成这一习惯，没有人会喜欢这种行为。如果它有这样的表现，请您将它赶走，跟它说“不”，并让它坐下。

温和的办法总是能够见效。请您总是随身带一个小球。在开门时，将小球放到狗的鼻子上。这可以分散它的注意力。然后跟它说“坐下！”。等上一会之后再爱抚它并把小球给它。请您尽可能多重复几次这项训练。您的狗很快就能够学会冷静地在门后等您了。而它也能够这样对待其他客人。

克制饮食 / *RÉFRÉNEZ SA GOURMANDISE*

一只教养良好的狗永远会等在主人之后再进食，并且永远不会讨食。如果您能够接受让您的狗在您吃饭时待在餐厅里，如果您确定自己能够抵抗住它的乞讨模样，请您对它发出“坐下！”的指令，并且每当它向您乞讨什么东西时，请您坚决地用“不！”拒绝它。

贪吃的狗会把落在自己嘴边的所有东西都吞下去。不要让这种事情发生。为此，您永远都不要在它够得着的地方，比如矮桌或厨房里留下一些小点心、香肠切片或者，更糟糕的情况，巧克力这种对狗来说相当危险的食物。

如果小狗尝试当着您的面偷吃东西，请您用严厉的语气对它说“不！”，然后捏着它的后颈肉将它带离食物的诱惑。如有需要，您可以把它放在别的房间里关上一会。

教它文明举止 / *ENSEIGNEZ-LUI LES BONNES MANIÈRES*

禁令不是训练的全部内容。您还需要尽可能地让您的小狗习惯服从命令，这样您才能立下主人权威，这种群居动物才会感到安心。

教它学会坐下 / *ASSIS*

请您首先教它学会坐下。用鼓励的语气跟它说：“坐下！”然后等它服从命令。如果一开始它听不懂的话您可以帮它一把，压着它的后爪让它屈腿，等它成功坐下后，您再重复一次“坐下”的指令。然后鼓励它并爱抚它。您要让它将“坐下”这一指令和愉快的心情联系起来，这样才能让它在之后的训练中听话。请同时跟它说“不要动”！如果它照做了，请爱抚它作为奖励。

经过这样良好训练的小狗在长大之后就不会给任何人带去烦恼。它能够耐心等待，直到主人、其他家庭成员或客人来爱抚它或和它玩耍。

教它学会趴下 / COUCHÉ

小狗应该学会去自己的窝里睡觉，并不将其视作一种惩罚。要想鼓励它这样做，请您往窝里放一些它喜欢的玩具，并同时跟它说：“去窝里！”。当小狗进窝之后，让它在里面多待一会，告诉他“很好”并爱抚它。重复训练多次直到它学会这项命令。

一旦您的小狗学会了这些指令，它就会成为教养良好的狗狗。

努力之后，需要鼓励 / APRÈS L'EFFORT, LE RÉCONFORT

不应让狗狗觉得服从训练是一种束缚，服从训练应该简短、重复多次，并在训练结束后让狗自由嬉戏。请您准备好陪它玩扔球游戏，或是让它啃咬绳制玩具。

教它听从召回指令 / LUI APPRENDRE LE RAPPEL

如果一条狗在听到主人在呼唤自己的名字之后却不听话，那么这就是一条难以管教的狗，它可能会将自己置于危险之中。当小狗回到家中，请您马上通过训练教它学会听从召回指令回到您的身边。

循序渐进地学习 / UN APPRENTISSAGE PROGRESSIF

训练先从室内开始。请您站到走廊尽头蹲下，边拍手边用鼓励的语气呼唤它的名字。当它靠近时，请您跟它说：“来这里！”或“跟上我”。等它来到您身边后，请鼓励它并爱抚它，如有可能，您可以再给它一小块奶酪作为奖励。

等小狗开始习惯这项命令之后，您可以在室外继续这项训练，比如花园或户外。找一处安静场所，确保您的狗不会被其他狗、噪声或其他东西分散注意力。让它走远一些，等您觉得它无事可做时就把它叫回来，请注意您的指令和姿势应该和室内训练时保持一致。敞开怀抱，微笑地等它回到您身边，每次它服从命令时，请鼓励并奖励它。在成功完成最后一次召回训练之后，请您陪它玩一会扔球游戏，让它尽情享受一会嬉戏时光。

您要让它把召回指令和开心的事情联系起来，而不是让它觉得散步要结束了。尤其是不要在它没有回来的时候指责它。请您耐心等待。如有需要，可以假装离开，它一定会回到您的身边。

如果遇到固执的小狗（或成年狗）/ AVEC UN CHIOT [OU UN ADULTE] RÉCALCITRANT

遇到这种情况时，您可以使用一条几米长的狗绳来做辅助，但永远不要把绳子拉得太紧。如果狗没有听令回到您的身边，您可以轻轻晃动绳子让它往回走。等它回来之后再把绳子松开。如果它不听话，就重复训练到它听从召回指令为止。请您在训练过程中慢慢收短绳子，等它能够完美听从指令后就把绳子去除。

重要的训练 / UN APPRENTISSAGE PRIMORDIAL

召回训练非一日速成。您一定要坚持让狗学会听从召回指令，否则，您的狗就有可能面临迷路或被车撞倒的危险。如果它坚持不回应您的话，那么训犬师的专业课程可以取得良好成效。

带来安心感的牵引绳

不应让狗将牵引绳当作一种束缚，相反地，作为能够保证它们安全的东西，牵引绳应该被它们当作主人的加长版手臂。因此，永远不要用牵引绳拍打您的狗，不要让它咬绳子，也不要让它玩绳子。

教它习惯牵绳散步 / *ENSEIGNEZ-LUI LA MARCHE EN LAISSE*

对狗狗来说，散步是最愉快的时光。如果一条小狗能够听从召回指令，学会了“坐下”和“不要动”的命令，那么它也能很快学会牵绳散步。为了您不会在今后的散步活动中陷入被您的小型犬用一种无法反抗的力量拖着走的被动境地，教它习惯牵绳散步是最好的解决方法……

散步前 / *AVANT DE SORTIR*

让您的小狗在家中习惯牵引绳。请在它玩耍时将项圈滑到它的脖子上并扣上牵引绳。一开始它会玩绳子。请您将牵引绳握在手中，跟着小狗在公寓里到处走，不要让它感觉被绳子拽住。

散步时 / *EN PROMENADE*

一周之后，将您的小狗带到一处安静场所，给它系上牵引绳后慢慢地走，一边拍大腿一边用鼓励的语气跟它说“跟上我”。等它跟上来并慢慢走上几步之后就鼓励它。然后松开牵引绳，让它玩上一会。要想让小狗始终和您并排走，您需要试着持续吸引它的注意力。为此，您可以跟它柔声说话，打打响指，给它看看玩具小球来让它待在您的身边，并通过爱抚来让它知道您对它的表现很满意。

循序渐进。刚开始时，为了让小狗能够集中注意力并听从您的指令，请您挑一条安静的街道。然后再带它去稍有人流的街道，再带它去人流高峰的路段，以此类推。

如果您喜欢让您的狗走在您的左边，那么请您用右手牵绳，这样就可以空出左手在它表现良好的时候爱抚它了。如果您想要它待在您的右侧，就反其道而行之。不过，您得固定在自己选择的位置上，否则，狗就会不停地左右换位。

如果狗拉扯绳子，请您不要也

这样做并寄希望于它会感到疲累。相反地，它将此视为一种游戏。您可以猛拽一下绳子把它叫回来，告诉它“跟着我”，然后放松牵引绳，等着它重新慢步上路。

请根据散步的距离和节奏对训练时长进行调整，每次不要超过15分钟。

等您的狗狗学会安静地跟着您的节奏散步后，您就可以垂着牵引绳，让它在您身边一起散步了。如果它走得离您太远，请您边走边用牵引绳牵住它并命令它“跟着我”，等它重新和您并排之后就鼓励它。不管有没有牵绳，如果狗狗能够安静地走在自己身边，主人都会感到由衷自豪。

教育性急停 / *DES COUPS D'ARRÊT ÉDUCATIFS*

猛拉牵引绳的目的是出其不意地让小狗失去平衡，好让它迅速明白要想避免这一不快的唯一办法就是不要拉扯绳子。

Bien nourrirson chien
让狗狗乖乖吃饭

小型品种犬的胃口总是很好。由于小型犬的新陈代谢要比大型犬更快，所以每天所需的热量也是大型犬的两倍。您可以选择工业食品，显然这是最方便的，也可以选择在家现做，这需要营养学方面的知识和一定的空闲时间。

即食食品／ ALIMENTS PRÊTS À CONSOMMER

狗粮（我们推荐高档狗粮）是最常见的工业食品。然而，人们通常更愿意选择更加昂贵的半湿罐头（见221页，《养狗的开销》）。

因为即食食品就是已经做好的食物，所以您无需再往里添加任何东西。要想讨您的伴侣犬开心，您可以偶尔给它一些犬类小点心：比如玩具磨牙骨头或饼干。

请谨遵食品标签说明来决定每餐投喂量，但是您得知道，标签上的定量只能作为参考，并且对于一条生活在城市里的狗来说，定量通常会过多。即使属于同一品种，每条狗也是各不相同的。所以要把狗喂养得身形苗条又不失健康，这才是重点所在。通常来说，一条体重为5千克的狗每日所需狗粮为230克，8千克的狗需要320克，而10千克的狗则需要380克。

私房美食／ PLATS MAISON

有些主人喜欢亲自在家为爱犬下厨。这种选择通常为天性使然，主人想要表达自己对狗的爱意（这是一种表达关爱的方法），或者说得更接地气一些，是为了追随“在家做饭”的潮流。

每天或每隔两天准备一顿不仅麻烦，而且还需要主人确切了解爱犬的身体所需。为此，您可以查阅一些现在市场上可以购得的犬类营养菜谱。

自制美食的优点在于食材新鲜，为了均衡膳食需要用到：肉类、谷物、绿色蔬菜、油、酿酒酵母以及维生素粉和矿物质粉。用量当然也要根据狗的需求进行调整，不管它喜欢运动还是喜欢待在家里，年轻还是年长。至于成本，如果要喂养的是一条小型犬，那么成本实际上可以忽略不计。

食物需求／*LES BESOINS ALIMENTAIRES*

虽然狗是食肉动物，但它们要吃的除了肉，还有别的食物。营养学已经明确规定了狗对蛋白质、脂类（油脂）、碳水化合物（糖）、膳食纤维、维生素和矿物盐的所需量。食物不仅应该为它们提供所需的足够热量，为了它们的健康着想，还必须加上维生素和矿物盐。

肉类可以提供动物蛋白，动物内脏（每周仅投喂1或2次）、熟鱼肉（小心鱼刺）和奶酪都能提供这类营养。蔬菜和全谷物则可以提供植物蛋白。

脂类可以通过动物脂肪、鱼肝油、黄油和熟鸡蛋（蛋黄）获取，而植物油当中所含的脂肪酸对保持狗毛的亮丽具有重要作用。一些狗自身无法合成的“重要”脂肪酸需要通过食物摄取，尤其是玉米油、葵花籽油或大豆油。

碳水化合物通常存在于糖、水果、含淀粉物和熟蔬菜当中。对于长居家中的狗或小型犬来说，只需摄取少量碳水化合物即可。米饭需要用水冲洗干净并充分煮熟，面食（热量极高）也同样需要充分煮熟。土豆是狗难以消化的食物，应该避免这一食材的使用。

水煮绿色蔬菜（沙拉、四季豆、韭葱）中包含的食物纤维能够促进肠道运输，减少腹泻和肠胃胀气，促进消化。食物纤维还有另一个优点：对体重超标的狗来说，食物纤维在带来饱腹感的同时含有极少的热量。

狗多多少少需要补充一些维生素和矿物盐。钙和磷非常重要，它们对于小狗的骨骼生长是必不可少的。小狗需要大量摄入钙和磷，以防骨营养不良。您可以在听取兽医建议之后购置相应维生素粉，将所需营养加入到您为爱犬独家制作的餐点当中。

如何搭配一顿均衡美食 / COMPOSITION D'UN REPAS ÉQUILIBRÉ

用新鲜食材制成的均衡美食需要包括：

- 4份肉类
- 3份米饭（生米饭）
- 3或4份绿色蔬菜
- 1小勺玉米油
- 1小勺干酵母
- 1小勺矿物粉

一般来说，该食谱的每日配给比例为60克混合物：1千克体重。

维生素的来源及好处		
营养均衡的工业食品可以提供维生素。如果您选择在家自制，请向兽医咨询每日所需的定量。		
维生素	来源	好处
维生素A	肝脏、鸡蛋、鱼肝油	维生素A能够增进视力，促进细胞的生长繁殖，抵御感染 缺乏维生素A可能会影响生育
维生素B_1	糙米、谷物、麸皮、酿酒酵母	维生素B_1主要影响神经功能和新陈代谢
维生素B_2	谷物、牛奶、酿酒酵母、鸡蛋	维生素B_2促进细胞的生长繁殖以及肌体组织的再生
维生素B_3或维生素PP	谷物、鱼肉、鸡蛋、酿酒酵母	维生素B_3或维生素PP用于保护和滋养皮肤
维生素B_4	酿酒酵母、肝脏、肾脏	维生素B_4促进脂肪代谢，保护肝脏
维生素B_5（泛酸）	鸡蛋、下水、酿酒酵母、鱼白、奶制品	肠内菌丛会合成维生素B_5。帮助维系皮肤健康
维生素B_6	谷物、牛奶、鱼肉、酵母	维生素B_6促进蛋白质代谢，对大脑和神经系统起作用 缺乏维生素B_6会大大影响细胞的生长繁殖
维生素B_8或维生素H	肝脏、酵母、蛋黄	维生素B_8或维生素H促进碳水化合物、脂类和蛋白质的代谢，促进皮肤细胞生长繁殖 缺乏维生素B_8或维生素H会引起脱发
维生素B_9（叶酸）	酵母、肝脏	维生素B_9促进骨髓红细胞的生长繁殖以及蛋白质代谢
维生素B_{12}	鱼肉、奶制品	维生素B_{12}促进蛋白质代谢以及血红蛋白合成
维生素C	狗无需从食物中摄入维生素C，因为其自身器官可以合成	
维生素D	鱼肝油、小麦胚芽、鸡蛋	维生素D促进钙与磷的吸收，提高骨头含钙量
维生素E	鸡蛋、谷物胚芽、坚果	维生素E具有抗氧化作用，能够预防早衰
维生素K	鱼肉、肝脏	肠内菌丛会合成足量的维生素K。具有凝血作用

良好的饮食习惯／ *DE BONNES HABITUDES ALIMENTAIRES*

等您吃完饭之后再找个安静的地方让狗进食。在狗进食期间，不要让小孩前去打扰。

请让您的狗定时进食，每天两次，早上一次，傍晚一次，至少和活动相隔一小时。这样可以避免发生胀气和胃痉挛的危险（比如腊肠犬就会出现这种情况），狗一旦出现胃痉挛，就得需要马上送到兽医处急诊。有些小型犬一天会进食三次。不管怎样，只要不超过每日规定定量即可。

请为狗提供常温食物。请在喂食前至少两小时将必须冷藏在冰箱里的压缩罐头取出。如果您的狗主食狗粮，请封好袋口以保持风味，并将其放到干燥处保存。保证狗喝的水一直都是新鲜的。

等到小型犬长到6～8个月大开始，它们的胃口就变为跟成年狗差不多了。在您将小狗的菜单调换成大狗菜单的一周内，请将两种菜单的食物混合起来投喂，这可以帮助小狗消化（见172页《断奶期》）。

更改菜单／ *CHANGER L'ALIMENTATION DE VOTRE CHIEN*

有时候您可能不得不更改爱犬的食谱，原因可能是它拒绝您提供的食物（这种情况在小型犬当中很常见），可能是它长得太快了，也可能是出于病理原因（见143页《关注狗的健康》）。

改变食谱需要循序渐进，刚开始时将旧食谱和新食谱混合起来，以防出现消化问题：刚开始3天内往旧食谱中掺入1/3新食谱，之后三天将比例提高到2/3。如果一条狗不怎么活动，那么它只需“轻”食（热量少）即可，这样可以避免长胖。

如果您的狗不喜欢某种食谱，那么兽医可以给您建议其他备选方案。如果您的狗患有某些疾病，比如糖尿病或是肾功能衰竭，兽医也

会推荐您适宜的食谱（P165相关内容）。

老年犬的喂养／ *NOURRIR UN VIEUX CHIEN*

如果您的老伙计身体非常健康，那么就没有必要把食谱完全换掉。狗一旦到了老年期，您最好可以为它提供高质量且易消化的蛋白质。老年狗的活动量会减少，所以它们可能有发胖风险，您应该减少它的食物热量供给。老年狗专用工业食品已经相当普及，比您在家亲自下厨要方便得多。

如果您仍然决定要为您老去的爱犬烹饪美食的话，请记得加入重要的脂肪酸，它有助于毛的健康，还有维生素，比如具有抗氧化功能的维生素E，它可以减缓细胞的老化。

应该避免的食物／ *LES ALIMENTS À ÉVITER*

不管您的狗狗年纪几何，请不要喂它们残羹剩饭、小蛋糕或其他点心。这会损害它的健康。喂它们可能被细菌感染的生肉也是有危险的。鸡骨头或兔骨头容易崩裂，可能会引起肠道闭塞。牛奶（可能会引起腹泻）、熟油或发酵奶酪也是禁止的。巧克力，对狗狗来说毒性太大，可能会引起小型犬的死亡。如果您是素食者，甚至是纯素食主义者，您的食谱可不适合狗狗，因为它是肉食动物。

Pour son bien-être
让狗狗过得更舒适

您的小伴侣犬对舒适的要求并不高。不过要想让它过得舒适，某些用品是必不可少的。

必需品 / LE PANIER

狗窝对狗来说是一处远离家庭纷扰的避难所，它可以在想独处的时候躲在里面，或是在您让它去睡觉的时候进去安睡。狗窝大小应和狗的体型相匹配，并摆放在安静的位置，最好不要放在您的房间里。

不管是布狗窝、柳编狗窝还是塑料狗窝，都由您随心选择。您可以找到各种价格和各种颜色的狗窝，从最简单的灰色到最奢华的玫红色应有尽有。挑选狗窝的关键在于材质要坚固，并且可拆卸，便于清洗。

食盆 / LA GAMELLE

食盆这种必需品应适合狗的体型，得足够坚固经得起啃咬，并且要易于清洗。带有防滑底座的不锈钢食盆是个不错的选择。请在食盆旁边再摆上一个坚固的盛水用碗。

请将食盆和水盆放在瓷砖地房间里，比如厨房里，摆在同一个位置。这样狗就会把厨房当作它进食的场所了。

牵引绳、项圈和背鞍 / *LAISSE, COLLIER ET HARNAIS*

对于小型犬来说，牵引绳的选择非常多。我们可以找到由皮质、织布、塑料布、尼龙或金属链环制成、轻便又牢固的牵引绳。牵引绳要足够长，才能让狗在靠近您的同时感到足够的自由。如果住在城市里，请不要使用自动收缩牵引绳。这种牵引绳在过马路时会非常危险。

项圈不该系得太紧，也不能太松，否则狗狗摇晃脑袋就能挣脱。随着狗狗慢慢长大，请记得松一松它的项圈。

通常建议给小型犬配备背鞍。对于因为口吻部较短而呼吸困难的狗来说，背鞍并不会令它们感到不适。而且背鞍能方便您将狗抓起并抱进怀里。

狗牌的作用 / *L'UTILITÉ D'UNE MÉDAILLE*

电子芯片是看不见的，所以您需要在狗的项圈上挂一副狗牌，写上您的名字和电话号码。如果您的狗迷路了，而有人捡到了它，这是他们第一眼能够看到的信息并能联系上您。

随行包 / *LE SAC DE TRANSPORT*

市场上有大量随行包任您挑选，不同价格区间、不同尺寸：从手提斜挎包到狗用婴儿背带，应有尽有。

经典随行包为透气的塑料布材质，配有提手，是最方便的款式。且非常轻便、易清洗。

玩具 / *LES JOUETS*

首先，玩具要根据狗的体型大小来做选择。一颗刚好能够咬进嘴里的玩具球是必不可少的。请选择坚固的材质，比如能够更好地抵抗啃咬的加固橡胶球，或者简简单单的一颗网球。

其次，您也可以购置一块狗用飞盘，选择轻型材质和小型尺寸（如果您养的是牙齿锋利的猎狐梗，可以选择中型尺寸）。

另外，如果您的爱犬容易被噪声吸引，您可以给它买一个发声玩具，这种玩具好抓、耐玩，也不会发出过于恼人的声音。

为磨牙而生的牛皮骨头是最棒的消遣物。如果您的狗喜欢啃咬东西，那么这种玩具就可以派上很大用场。

柔软耐玩的毛绒玩具能让狗产生浓厚兴趣，比如那些以古怪动物为造型的玩具，里面是编绳，而外壳则是由超坚固材质做成的。

衣服怎么样 / QU'EN EST-IL DES VÊTEMENTS

狗有自己的毛皮就够了，不需要其他外套。主人给狗穿外套的目的主要是为了避免狗浑身泥泞地带着一身湿臭味回家。

冬天，在又冷又湿的天气里，对于生病了或正处于康复期的狗或老年狗来说，外套或许可以派上用场。当然，这些衣服应该贴合狗的身材（不要太紧，也不要太宽松）并起到保护作用。所以您需要让它试穿，虽然这并不是一件轻松的事。请您在市面上存在的琳琅满目的衣服中选择那些朴素、防水、简单且好穿的款式。大部分衣服都可以机洗。

最好不给您的狗穿鞋，让狗爪保持清洁或保护狗爪不被太热或太冷的地面伤到并不能成为正当理由。对狗来说，穿鞋是非常不舒服的，即使改良产品的生产厂家声称并非如此。除非狗狗的爪子受伤，狗用便鞋能够避免爪子接触湿污，能够促进肉垫伤口或外科创口的愈合；也能够用于保护包扎过的伤口，阻止狗舔舐爪子。

如果您的狗踩过撒了盐的雪地，等它散步回家之后，请您用温水清洗并仔细擦干它的肉垫，以防肉垫被盐腐蚀受伤。

平滑短毛（如法国斗牛犬、八哥犬、波士顿梗）不需要太多打理：频率为每周1到2次，工具为软刷和橡胶按摩手套。

被称为“山羊毛”的半长糙毛（如拉萨犬）很少打结。护理需要用到的工具有橡胶柄细齿刷和梳子。每个月洗一次澡就足够了。

如果狗狗的毛丝滑平整，为半长毛，内层绒毛稍密（如查理王小猎犬）。如果可以的话，这种细密、平滑、浓密又柔软的被毛需要每天打理，以防打结。需要用到的工具有鬃毛刷或猪毛刷以及疏齿梳。如果狗生活在城市里，您可以给它洗澡稍微频繁一些。

如果狗狗的毛为长毛，丝滑且几乎没有内层绒毛（如马尔济斯犬和约克夏梗）。浓密细腻的被毛需要每日打理。先用不太硬的刷子刷一遍全身，然后用梳子把毛梳顺，去除死毛。

如果狗狗的毛为刚毛，鲜有内层绒毛（如刚毛型猎狐梗、西高地白梗、苏格兰梗）。这种粗糙、平整或卷翘的毛不会产生死毛。刚毛型毛的护理主要为抽毛——也就是将被毛拔掉，修剪或裁毛。只要带狗去一趟美容院您就可以观摩护理过程。在此之后，您可以购置所需工具——如果您有此天赋的话——自己尝试给狗做同样的护理。

如果狗狗的毛为卷毛，内层绒毛少量或没有（如卷毛比熊犬、贵宾犬）。这种被毛会不停生长，没有换毛期。您可以使用圆头金属刷定期打理狗的被毛，防止其打结。每个月洗一次澡就能让它们保持毛的亮丽。

美容 / *LE TOILETTAGE*

那些造型时尚或者说非常讲究仪表的小型犬都是经常出入美容院的。除非要参加比赛，否则狗是不需要做美容的。偶尔打理一下毛再洗个澡，这就足够让它的毛焕发自然之美了。

毛的护理 / *LE BROSSAGE*

要想让毛保持好的状态，护理是必不可少的，毛的护理能够对狗的被毛

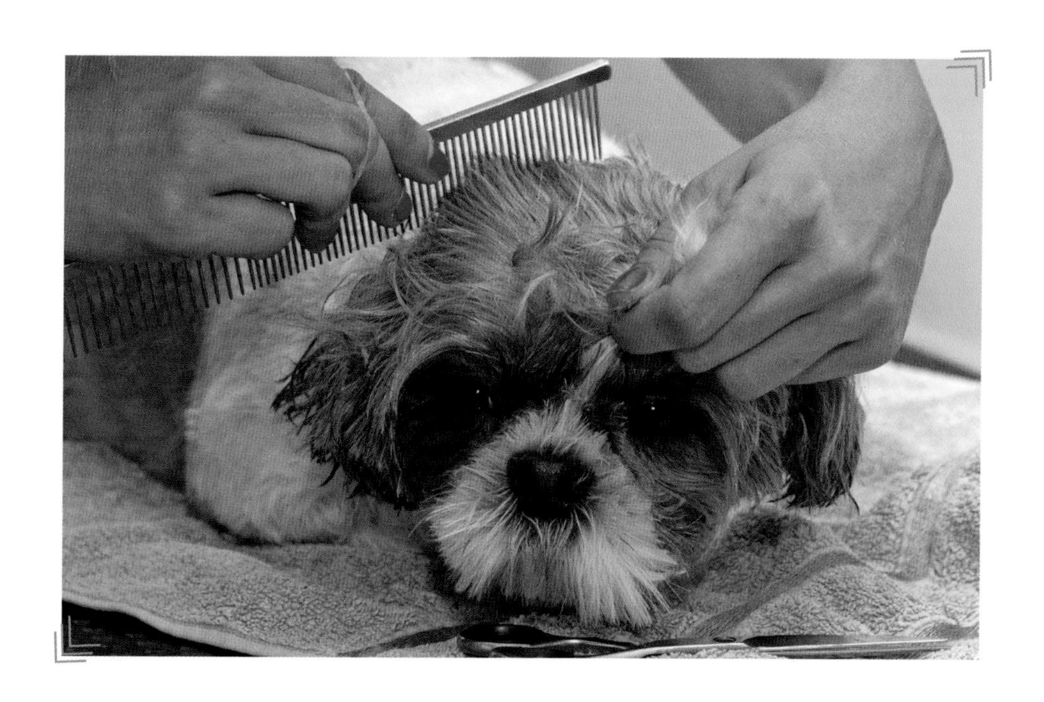

进行仔细检查，检查是否有寄生虫、伤口或小脓包存在。需要根据狗的毛的类型来选择合适的梳子和刷子。

护理过程可以进行得非常顺利，也可以转变成灾难。对喜欢毛护理的狗狗来说，这是一件愉快的事情，是一段能够和主人亲密接触的时光。如果您的狗看起来有些犹豫，您可以先轻柔地和它说话，给它一块小点心吃，然后再让它闻一闻刷子。请您一边爱抚它一边温柔地开始刷毛。先刷那些它喜欢被磨蹭的部位，然后再刷其他地方。等狗完全放下心来之后，您就可以轻松地顺着毛生长方向由内到外彻底刷毛了。

请定期梳毛，如果到了换毛季，为了不让狗在舔毛时吞下太多毛，您每天都需要给它梳毛。

洗澡／ *LE BAIN*

越早让您的狗习惯洗澡，给它洗澡就会越轻松。如果您的狗十分固执，每次洗澡时都会张牙舞爪，并且您没有办法让它不再害怕，那么就有必要给它的嘴巴套上嘴套。

犬类专用沐浴露 / *LES SHAMPOINGS POUR CHIENS*

犬类专用沐浴露的类型不胜枚举。需要根据狗的毛类型做选择。含蛋白质的沐浴露适用于所有类型的毛。举个例子，以霍霍巴油为主要成分的沐浴露适用于干燥无光泽的毛。含有收敛剂的沐浴露则适合油性肤质。驱虫沐浴露不能频繁使用。请在购买之前注意检查产品标签上是否贴有上市许可证。

合适的工具

除毛刷、打薄刀片、推子、粗齿刮片……市面上有许许多多用于犬类毛发护理的工具。要想不出差错，您可以前往美容院或犬类展会的展台进行咨询。相关人员会根据您的狗的品种和毛的类型为您推荐合适的护理产品。

您不能只在狗刚从牛粪里打完滚回来，闻起来非常臭的时候给它洗澡，城市里的尘埃又脏又油，您需要更加频繁地给它洗澡。

在给您的狗洗澡之前，请先打理它的毛，清理脏污。请确认没有任何毛结残余，因为毛结遇水会收紧。如果在吹干之后还有毛结，您可以用推子将其推平。

装有防滑垫的浴盆、浴帘和莲蓬头可以让洗澡任务变得轻松。请您只使用不含刺激成分和香精的犬类专用沐浴露。如果有疑问，可以咨询兽医。

将莲蓬头贴近狗的被毛，用温水将其打湿。将沐浴露涂抹在狗的头部、背部、腹部、足部和脸部，小心不要让沐浴露入眼入耳。用水充

请不要太过频繁地给狗洗澡。事实上，洗澡会将保护皮脂洗去，使毛发变得脆弱。此外，如果您的狗正受皮肤病的困扰，在咨询兽医之前也不要给它洗澡。

分清洗，注意控制水流大小。小心不要让水入耳。洗完澡之后撑开浴帘，好让狗随心甩水而不把浴室弄湿。然后用毛巾仔细擦干它的身子并梳理。如果您的狗不害怕吹风机的声音，您可以在最后一步将吹风机开到暖风档将狗毛吹干。

其他护理 / *AUTRES SOINS*

耳部护理

请您加倍呵护垂耳狗，比如查理王小猎犬，垂耳意味着更加脆弱。请每天检查它们的耳部，确认没有任何杂草或小穗进入耳内。

请每周一次往狗的耳道里滴几滴耳垢洗剂，按摩它的耳根来加快溶解耳道深处的污垢。然后用棉条将耳垢和残留洗剂清理干净。

有些犬种的耳道内长有毛，比如雪纳瑞犬和贵宾犬，这容易引发耳炎。如果您的狗属于这种情况，请用手指或镊子轻柔地清除耳道内的毛。然后涂抹杀菌剂并按摩狗的耳根，最后用棉条清理干净。

眼部护理

每周一次，用专用洗剂将棉条沾湿，清除眼角的眼屎。白毛狗的泪痕不仅会弄脏眼周，还会损伤眼周的毛。

所以您需要经常用棉条将狗的眼泪擦干。如果泪痕的情况很严重，请咨询兽医。

注意牙垢／*SURVEILLEZ LE TARTRE DENTAIRE*

这种疾病在小型犬当中很常见。如果一条狗食用狗粮并且会定期用牛皮骨头磨牙的话，牙垢会形成得更晚一些。

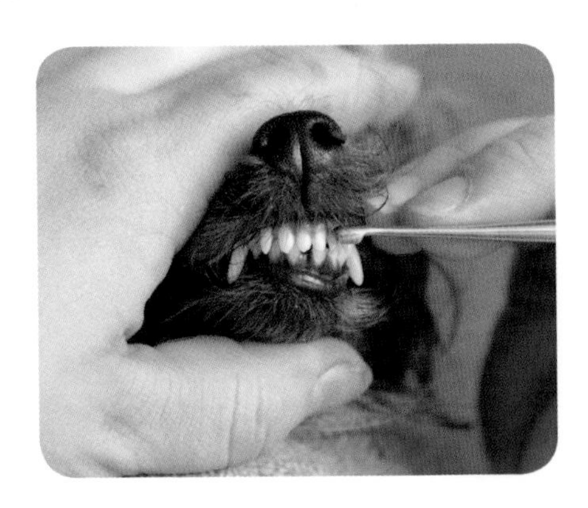

您可以使用切成两半的柠檬、小苏打溶液或犬类专用牙膏给狗刷牙，狗喜欢专用牙膏的味道。如果以上方法都无法让您的狗口气清新的话，您就需要带它去兽医那儿洗牙了。

肉垫和趾甲／*LES COUSSINETS ET LES ONGLES*

您需要经常检查狗的肉垫。如果有异物（小穗或石子）卡进肉垫里的话，可能会引起脓肿。

在城里，举个例子，狗可能会踩到玻璃渣，这时您需要给它消毒。如果它踩到了口香糖或未干的沥青，您就得用沾油棉花来推压它的肉垫做清洁。

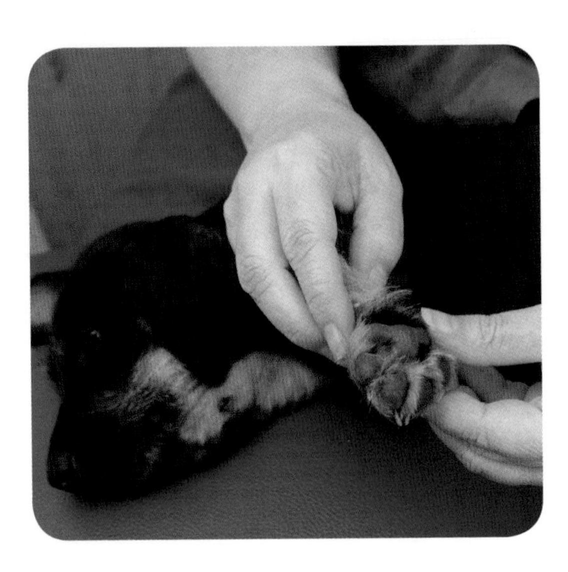

有些犬种的肉垫周围，毛很旺盛，比如贵宾犬。请定期修剪，只需要留到足以抵挡异物的长度即可。在乡村，狗的趾甲自然而然地就会被磨平。而在城里，如果活动量不足，狗趾甲就会长得过长。请在狗趾甲长到影响狗走路之前就将其剪掉。它们的趾甲十分敏感。如果您的狗抗拒剪趾甲，您可以用嘴套把它的嘴套上，然后温柔地继续。一般来说，如果狗发现剪趾甲并不痛苦，它就会安静下来。

可以把狗安置在高度适宜的桌子上。剪指甲时，请牢牢捏住它的爪子，修剪长度为1～2毫米为宜，以防剪到布有血管和神经的组织，它们藏在黝黑的趾甲底下，是看不见的。如果狗的爪子颜色较浅，这块肉色组织就清晰可见，趾甲剪起来也会更加轻松。

给狗狗剪趾甲是份精细活，需要用到被叫做“趾甲钳”的专用钳子。有小型犬专用的款式。

如果您不小心剪到了活性组织，那么狗狗的趾甲就会轻微流血。请用棉花沾取双氧水，敷在伤口上。

肛门腺清洁 / *VIDER LES GLANDES ANALES*

如果狗出现啃咬自己的屁股或是用屁股摩擦地面做“臀部雪橇”的行为，我们一般可以认为它肚子里有寄生虫。事实上，是堵塞的肛门腺令它感到瘙痒难耐，它才会做出这些试图缓解发痒的行为。肛门腺位于肛门四周，用手指触摸能感觉到明显的凸起。

要想缓解狗的痛苦，请您手持一大块脱脂棉，抬起它的尾巴，然后尽可能地大力按压肛门两侧。请注意，肛门腺会被挤出令人作呕的灰黑色排泄物，您的脸最好离得稍远一些或戴上口罩。您也可以让兽医来做这项清洁工作。

寄生虫检查 / *DÉTECTER LES PARASITES*

如果发现您的狗狗不停挠痒，请检查它的毛，因为毛下面可能藏有大量寄生虫，特别是跳蚤（它们是引起瘙痒的最常见原因），以及蜱虫。

在乡村散步之后，请仔细检查它的皮毛、耳朵和肉垫，这些是蜱虫容易寄生的部位。

只要没有发生病变，您就可以使用体外驱虫喷雾或沐浴露解决问题。

狗也可能患上犬螨病或疥疮。请不要自行处理。如果您发现狗狗的皮肤或被毛出现一点反常症状，请马上咨询兽医，兽医会为您制定合适的治疗方案。

Veiller à sa santé
关注狗狗的健康

即使您的狗狗身体再健壮，这也不能成为您疏于预防它患上疾病的理由。一旦您在狗狗身上发现一丁点疾病征兆，请不要犹豫，马上咨询兽医。

接种疫苗 / LE FAIRE VACCINER

如果狗狗饮食卫生并得到充分锻炼，那么它基本上不会生病。不过您还是可以带它去接种疫苗，不要忘了续种。

问诊 / LA VISITE MÉDICALE

如果是正规犬舍出身的小狗，那么在来您家之前，它应该已经接种过第一针疫苗（一般为2个月大时注射）。这一针疫苗并不是必须打的，但还是物有所值，因为它能够预防多种疾病。等您第一次带小狗去看兽医的时候，可以请兽医检查疫苗接种情况，并预约好接种疫苗的日期。

兽医首先会给您的小狗做一次全面检查，对小狗的身体状况做一次整体评估。您可以利用这次问诊机会向兽医咨询有关于饮食、犬类行为或卫生护理等方面的问题。每年续种一次疫苗能够让您的狗狗保持健康状态，尤其是当它衰老或患上慢性疾病时，如有需要，您可以更换它的食谱。大部分兽医会通过邮件通知您每年续种疫苗的时间。

最常见的疫苗种类 / *LES VACCINS LES PLUS COURANTS*

最常见的疫苗是预防犬瘟、传染性肝炎、细小病毒、钩端螺旋体和狂犬病的疫苗。其他疫苗仅仅作为补充，在某些情况下可能需要接种。这类疫苗主要预防支气管炎（主要接种对象为群居生活的小狗）、梨浆虫病、莱姆病、利什曼病、疱疹病毒或破伤风。

注射某些疫苗（比如钩端螺旋体疫苗或支气管炎疫苗）可能会引起局部反应，主要表现为注射部位形成硬结。在接下来的一整天内狗狗都会感到浑身乏力。如果狗狗在注射时反应激烈，那么可能会出现血管迷走神经性晕厥：狗狗会在注射后突然失去知觉。在喝水或呼吸新鲜空气之后即可恢复正常。

在注射后半小时或几个小时后，甚至第二天，狗狗可能会出现过敏反应，比如皮肤肿胀。

通常在注射钩端螺旋体疫苗时会出现这种情况。您应该将其记录下来，因为兽医可以在之后采取预防措施，让这种情况不再出现。

体外寄生虫 / *LES PARASITES EXTERNES*

随着气候变暖，跳蚤和蜱虫全年都处在活跃状态当中，它们会引起不同程度的瘙痒。如果您的狗狗出现相关症状，请马上对它进行治疗，之后定期检查它的皮毛下面是否还藏有这种令人厌恶的寄生虫。

跳蚤 / *LES PUCES*

如果您的狗开始抓挠，请先考虑它是否有长跳蚤的可能，即使您肉眼并没有看见任何跳蚤。如果您发现一些极其细小的黑色颗粒，那就是跳蚤的排泄物。跳蚤繁殖速度极快，它们不仅会将幼虫产在狗身

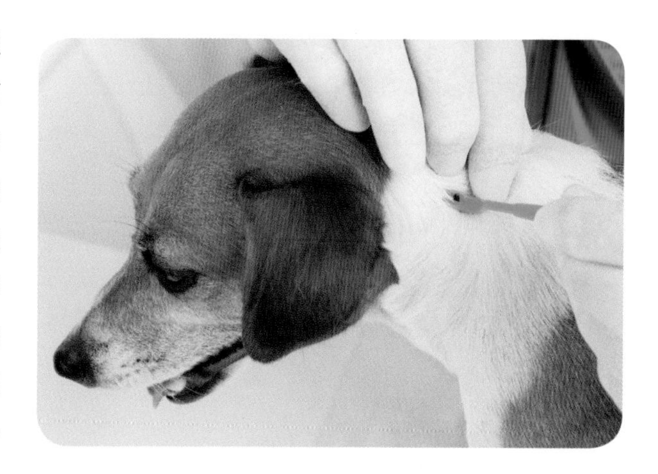

上，也会产在周围环境里。如果狗对跳蚤的分泌物过敏的话，还会出现严重的皮肤病。

驱虫产品不计其数，请向您的兽医征求意见。不要忘记往狗狗休息的狗窝、不起眼的犄角旮旯、地板还有家里的其他动物身上也喷上驱虫药。某些产品不仅能杀死寄生虫，还能阻止寄生虫的虫卵和幼虫在周围环境里生长。这可以更好地保护您的狗狗不再被重新寄生。

请注意，狗狗用驱虫药可能对猫有害。

蜱虫 / *LES TIQUES*

这种寄生虫身体呈卵球状，生活在草地中，在狗狗经过时寄宿到它们身上。一只寄生在狗狗身上的蜱虫可以吸取大量的血，引起皮肤发炎，还有传播疾病的危险，比如梨浆虫病和莱姆病。

如果您的狗狗身上有蜱虫寄生，不要直接把它拔除，也不要使用酒精、乙醚或除毛钳。请用专门的蜱虫钳来处理，这样不仅可以无痛将蜱虫清除，还可以避免蜱虫的头部残留在皮下，这可能引起皮肤发炎，甚至形成囊肿。最后，对环境进行消毒。

恙螨 / *LES ACARIENS*

如果您的狗拼命抓挠、舔毛，但是又没有跳蚤，但皮肤上却有一些红点，那么它很有可能是被恙螨叮咬了，恙螨的幼虫靠吸血来获取养分。这种螨虫在夏天横行肆虐，多见于田野和灌木丛中。

犬螨病是由寄宿在狗表皮的小螨虫造成的，会引起极度瘙痒。皮肤会产生皮屑，出现红斑。犬螨病多发于生活在养犬场的狗，发病比例为30%，这种病也会传染给人类。只要及时治疗，犬螨病并不危险。

真菌 / *LES CHAMPIGNONS*

疥疮是由真菌引发的疾病，会使毛变得无光、粗糙。疥疮会使皮肤产生痂皮，引起脱毛，出现疱疹。这种真菌病传染性极强，可以感染人类。

疫苗接种日历

2个月大：第一针犬瘟、肝炎和细小病毒疫苗。

3个月大：犬瘟、肝炎和细小病毒疫苗，如有需要，可以接种第一针钩端螺旋体和狂犬病疫苗（如有需要，可接种支气管炎疫苗）。

4个月大：钩端螺旋体疫苗（如有需要，续种支气管炎疫苗）。

3个月到1年龄大：续种犬瘟、肝炎和细小病毒疫苗，如有需要，续种钩端螺旋体疫苗（如有需要，续种支气管炎和狂犬病疫苗）。

1年龄以后：续种钩端螺旋体疫苗（如有需要，续种支气管炎和狂犬病疫苗）。

利什曼病，这是一种由法国南部蚊虫传播的危险疾病，利什曼病疫苗从2011年开始投入使用。小狗应在6个月大之前接种该疫苗。每隔3个星期注射一针，共计3针。在接种第一针后10个星期，小狗才算真正对该疾病产生免疫。之后每年续种一次即可。接种利什曼病疫苗，并不代表小狗不需要再为了防止病原传播体蚊虫叮咬而使用体外驱虫活性药物。在小狗大约5个月大的时候可以接种第一针梨浆虫病疫苗，梨浆虫病是一种通过蜱虫传播的危险疾病，该疾病有时可能致命。之后必须进行多次续种。

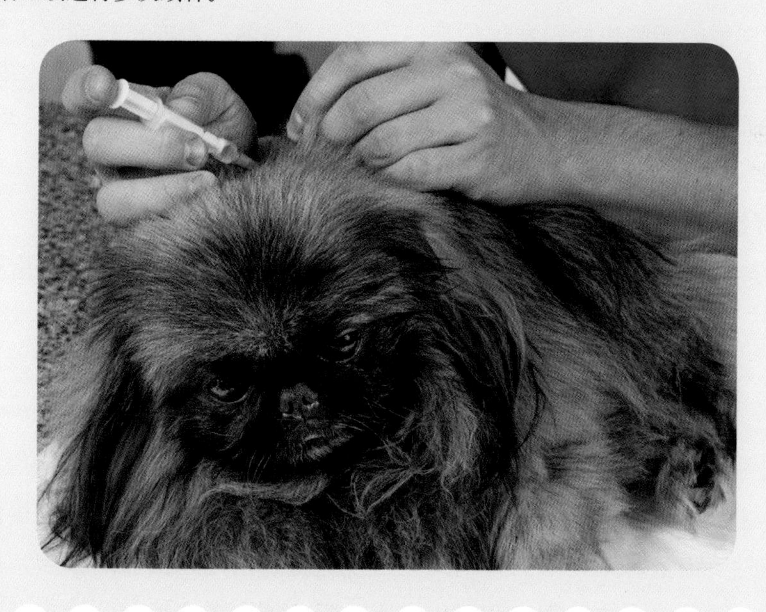

耳螨 / *LA GALE DES OREILLES*

耳螨也是由螨虫引起的，感染性极强。多发于小狗。耳朵会发炎，产生大量恶臭的黑色耳垢。狗狗会拼命抓痒。您需要尽快咨询兽医，否则可能会继发耳炎。

要治疗疥疮，您需要定期给患病的狗狗全身涂抹抗真菌药物，如有需要，还需要配合口服药治疗。同时，您还得对周围环境进行处理，因为真菌极其顽固，能在外界顽强存活。治疗周期至少需要持续4个星期。必须请兽医进行康复检查，因为狗狗可能仍然携有感染性疥疮孢子，即使没有发生任何病变。

皮肤病 / *LES PROBLÈMES DE PEAU*

如果您的狗狗在抓挠，并不一定是因为有寄生虫，也可能是过敏性湿疹：比如，对某些食物或螨虫过敏。这种皮肤病影响的皮肤面积不同，会引起瘙痒，通常还会伴随脱皮症状。

这种皮肤病多发于生活在城市里的小型犬，因为它们过于深居浅出，而且食谱丰盛。无聊也能引发这种疾病。某些沐浴露、合成布料或污染物也可能成为狗狗的过敏源。找到引起瘙痒的原因很重要，但是要兽医做出诊断却相当困难，可能还需要注射激素药物才能最终确诊。

体内寄生虫 / *LES PARASITES INTERNES*

最好可以对体内寄生虫进行预防，而不是在出现相关病症之后再采取治疗措施。

肠虫 / *LES VERS*

蛔虫是一种线虫，小狗为其最常见感染对象；成年狗也会被蛔虫寄生，但是寄生数量很少，不过在养殖场里，经过循环传播的寄生虫已经具备了一定抗药性，而且养殖场里的狗狗又无法及时得到常用驱虫药的救治，情况会更严重。这种线虫主要寄宿在消化道内，吸收消化道的养分。蛔虫卵极其细

小，通过动物粪便被排出体外，能再感染周围环境。

如果一名主人以没有在粪便中看见蛔虫为由而不给自己的狗狗驱虫的话，那就大错特错了，因为蛔虫并不一定都是可见的，而虫卵更是无法通过肉眼辨认。

发现蛔虫后请马上进行治疗，不要等到您的狗狗出现腹泻、呕吐甚至呼吸困难的症状之后才采取措施，因为寄生虫会在体内转移阵地。小孩很可能会因为不小心吸入狗毛上或被感染沙地里的虫卵而被传染。仅仅治疗一次是不够的，您需要定期给狗狗驱虫。

绦虫是一种扁形蠕虫，您的狗会因为吞食了体内有绦虫寄生的跳蚤或虱子而受到感染。绦虫主要寄生在小肠内，通过消化物吸取养分。您可以在狗粪便中发现一些扁平的绦虫节片，在干燥之后，它们看起来和芝麻粒很像。

所以您应该以至少每年2次的频率对狗狗进行体外和体内驱虫。

还有一些肉眼看不见的寄生虫，只有在粪便异常时您才能发现它们。它们会感染小狗（贾第虫、球虫）。一旦在粪便检查中发现这类寄生虫，就需要对狗进行专门治疗，这是日常驱虫药做不到的。

如果您的狗狗属于油性皮肤，而且体味很大又不好闻（和湿臭味不同）那么原因很可能是皮脂分泌过盛。这种油性皮肤通常伴随着大量皮屑的产生，使部分毛发变得黏腻。一种叫做秕糠马拉色菌的真菌可能是狗发出难闻体味的原因。兽医通常会采取抗真菌内服药配合洗剂或膏体外涂药的方法进行治疗。

预兆信号 / *LES SIGNES QUI ALERTENT*

如果您的狗狗突然行为异常，玩耍频率下降；精力减少，食欲不振，体温超过39℃，且这些症状持续超过24个小时，请您咨询兽医。

某些常见信号足以引起您的警惕，尤其是疲累状态。运动过后感到疲惫是正常的，但是如果您的狗狗只散了一会步就筋疲力尽、气喘吁吁地回到家中，它很可能得了贫血、某种传染病或心力衰竭。兽医首先会对狗狗进行抽血取样；再根据血样分析结果的不同，对狗狗进行超声波检查或X光检查，以得出最终诊断。

如果您的狗狗突然失去胃口，甚至拒绝进食，可能的原因有很多：嘴巴、消化器官或肾脏出现问题，或是传染病……请带它去看兽医。同样地，如果您发现您的狗狗长期食欲不振且日渐消瘦，也请咨询兽医。

如果一只狗大量进食却还是感到饥饿，它可能患有心理疾病，也可能是糖尿病。如果是这种情况，它会大量喝水，大量排尿。

如果一只狗不停喝水，也可能是其他疾病的表现。要得出确切诊断的话，需要进行血检和尿检。

消化问题 / *LES PROBLÈMES DIGESTIFS*

口气难闻

狗狗的口气一直都不好闻，通常是因为有牙垢问题。请让兽医给您的狗洗牙。难闻的口气也可能是胃病或肾脏疾病的表现。

腹泻和呕吐

如果您的狗出现剧烈腹泻、精神萎靡、呕吐的情况，请让它在24小时内禁食，并花上2～3天的时间慢慢恢复它的饮食。

如果腹泻持续超过48小时，伴有黏液和血液，并且狗狗越来越虚弱，请您马上带它去看兽医，狗狗可能会有脱水的危险。

驱虫月历 / CALENDRIER DES VERMIFUGATIONS

对于15天到2个月大的小狗来说，需要每15天驱一次虫；对于2～6个月大的小狗来说：每个月驱虫一次。如果是6个月以上的小狗，根据寄生可能性，每年驱虫2～4次就够了。请在母狗配种之前驱一次虫，等母狗生育以后，每15天同时给母狗和小狗驱虫。蛔虫会经过子宫和母乳感染小狗。而当母狗吞下小狗的粪便时，也会再次感染蛔虫，然后通过哺乳重新传染给小狗，这就是需要给母狗和小狗同时驱虫的原因。

主食为工业食品的狗狗每天都会排便，很少出现便秘的情况。如果您用自制食谱喂养它，肉太多而膳食纤维太少，并且如果它啃食骨头，那么很可能会便秘，排便会因此变得困难，而且粪便通常又硬又干。请往食谱中加入蔬菜或谷物，便秘问题会有所改善。

如果便秘问题没有得到改善，请咨询兽医。如果还伴随呕吐症状，那么很可能是急性肠梗阻。请不要再给便秘的狗狗喂食，因为它无法排泄。

如果您的狗狗上吐下泻，原因有很多：消化道炎症、肠虫、误食异物……不要喂它吃药，因为会被排出来。您需要咨询兽医。

如果狗大口吃饭，过了一会食物返流上来，这种反刍现象无需担心。但是如果您的狗狗在吃完饭之后过了一会呕吐了，这通常是消化问题。引起呕吐的原因多种多样，但是如果呕吐物形似粪便的话，可能是急性肠梗阻。不管怎样，如果狗狗在一天当中呕吐多次，您最好尽快带它去看兽医。

唾液分泌过盛

除非您的狗天生属于口水分泌较多的犬种，否则，如果它突然分泌大量口水，可能是因为它吞下了有毒的苦味物体，也可能是有异物卡在了它的喉咙里。请马上咨询兽医。

排尿问题 / LES PROBLÈMES URINAIRES

如果狗的尿液浑浊、不清亮，颜色从血色变为橙色或深褐色，那么就有必要寻求兽医治疗。

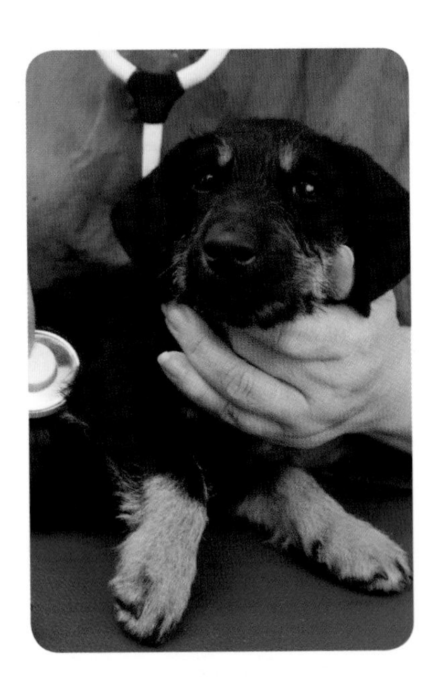

如果一条狗频繁喝水并频繁排尿，可能有多种病因，比如广义上的激素异常、肝病或老年狗易患的慢性肾衰竭。

如果一条狗排尿量小且排尿困难，很可能是膀胱感染、结石（需要通过外科手术切除）或肿瘤造成的。

雌性狗狗的膀胱炎可能是子宫感染的标志。雄性狗狗尿血可能是膀胱炎、肾脏或前列腺有问题。

成年狗如果出现尿失禁，那么可能是神经疾病的标志。

永远不要限制一只狗狗大量饮水，以防其脱水，如果没有兽医医嘱，也不要给它喂药。

呼吸问题 / *LES PROBLÈMES RESPIRATOIRES*

狗狗的鼻子通常会流鼻涕。这是因为狗狗的眼部和鼻腔是相通的，多余的泪液会通过这条通道流进鼻腔。这一现象是自发的，与重力无关。如果狗狗只有一只鼻孔流鼻涕，还打喷嚏，那么很可能是因为鼻子里进了异物。

如果是发黄或发绿的长条脓状鼻涕，或者混有血迹，请咨询兽医。

如果一只小狗开始咳嗽，它可能患上了支气管炎。对于3～4周大的小狗来说，这种疾病是致命的。对于再大一点的小狗来说，治疗周期也相当漫长，但是如果它能迅速恢复活力，并且支气管炎没有转变成肺炎的话，那么治疗前景可期。

如果您的成年狗开始咳嗽，请测量它的体温。如果体温超过了39℃，那么肯定是病毒性疾病或传染病。如果症状持续超过24小时，请咨询兽医。

心脏问题 / *LES PROBLÈMES CARDIAQUES*

如果您的狗心跳过快，可能仅仅是因为激烈运动、呼吸衰竭、贫血或甲

状腺机能亢进。但也可能是因为心力衰竭，该疾病通常表现为乏力，比如在上楼梯时感到乏力并伴有特殊咳嗽，有时还会出现腹部液体潴留，即腹水。请咨询兽医。

如果您的狗狗心跳过慢并且运动量不多，请咨询兽医。这种狗狗一旦运动就可能有晕厥风险。

生殖问题 / *LES PROBLÈMES GÉNITAUX*

如果您家的成年雌性狗狗不停地舔舐生殖器，且生殖器上有脓流出。那么它可能患了阴道炎，需要进行局部杀菌并接受抗生素治疗。如果是未成年雌性狗狗，那么阴道炎会在第一次发情期过后自愈，采取抗生素治疗是没用的。

如果雌性狗狗的生殖器在非发情期流血，可能是肿瘤问题。需要紧急检查。

如果雌性狗狗的生殖器流脓，脓水呈黄色、浅绿色或褐色且味道难闻，母狗狗精神不振，饮水量增加，排尿量上升，很可能是因为子宫炎症（急性子宫炎）。

如果雌性狗狗大量饮水、出现脱水症状、呕吐、肚子发胀发疼，可能是慢性子宫炎。子宫腔内有脓液积滞会引起宫腔积脓，这是一种危险的疾病，一般都会将子宫切除。

雄性狗狗的生殖器会分泌一种叫做“包皮垢”的浅黄色生理黏液。如果黏液分泌过盛，有可能是受了感染，需要进行局部杀菌。

如果您的小狗在春秋季节大量掉毛，这是换毛季，这是完全正常的。如果它住在几乎恒温的楼房里，可能会常年掉毛，但是掉毛量并不大。有时候伴随剧烈挠痒，不正常的掉毛情况多多少少会出现。如果一只狗正常掉毛且掉毛部位对称，有可能是激素失调，需要专门治疗。永远不要在没有兽医医嘱的情况下给它使用声称能够促进毛生长的产品。

运动障碍 / *LES TROUBLES LOCOMOTEURS*

当您带狗散步时它突然变得一瘸一拐，请仔细检查它的足尖，查看是否有伤口、尖刺或血迹。如果确认没有这些情况，就减少它的活动量，留待观察。如果情况持续，请带您的狗狗去做检查。

狗狗跛脚的最常见原因是膝盖前交叉韧带断裂，最好进行手术。如果您的狗狗步履蹒跚，或许还伴有发烧，某处或多处关节发热、肿胀，触摸时感到疼痛，这可能是关节炎的症状。需要咨询兽医。

如果狗狗跛行，但关节不发热，拒绝跳跃，腿部僵直、发痛，可能是非炎性关节炎或慢性风湿病。

非炎性关节炎通常不需要进行外科治疗，但是您还是需要咨询兽医，跟进病情。小型犬（特别是约克夏梗）会出现髌骨脱臼的问题，通常需要进行外科手术。

大型犬特别容易患上肥胖症，它们比其他狗狗更容易受关节病困扰。

中毒 / *LES INTOXICATIONS*

狗，尤其是小狗，特别容易吞食有毒物体：杀虫剂、汽车防冻剂、植物（甚至植物下方的垫板）、药丸……请谨慎一些，永远不要把这些有毒物体放在它能够到的地方。

如果您的狗狗不幸吞下了您了解毒性的物体，请马上给中毒防治中心或您的兽医打电话，获取解毒药相关信息。如果您不了解它吞服物体的毒性，请不要尝试催吐，也不要让它喝水，因为这可能会加剧毒素的吸收。

如果您的狗狗吃了变质食物，请马上让它喝盐水来催吐。

现代化康复训练 / *UNE RÉÉDUCATION MODERNE*

对于那些深受运动障碍困扰的狗，一些临床医师提倡运动疗法、物理疗法、身体机能康复训练以及电磁疗法。

有毒产品

有机氯类花园杀虫剂一旦被吞服，就会毒害狗狗的神经系统。它们会痉挛，有时还会陷入昏迷当中。含有氯酸钠的除草剂会引起肠胃炎。杀螺剂和烧烤点火器内含的低聚乙醛也是一种危险成分。如果狗误食了低聚乙醛就会严重中毒，伴随肾功能和肝功能衰竭，并且这种伤害通常是不可逆的。如果狗吞食了有毒的抗凝血灭鼠剂就会出血。需要接受输血治疗。汽车防冻剂内含乙二醇，狗会被其甜味所吸引。乙二醇能够引发极其严重的中毒症状，表现为急性肾衰竭。

毒植物和毒蘑菇引发的症状

植物和蘑菇	症状
毒鹅膏	呕吐、腹泻、出血、口水分泌过盛、痉挛。 有时能引发死亡
花叶万年青	嘴部过敏、呕吐，伴有血丝
洋地黄	心律失常。 有时能引发死亡
槲寄生	口水分泌过盛、兴奋、腹泻
夹竹桃	心律失常。 有时能引发死亡
天堂鸟[①]	痉挛、呕吐。 有时能引发死亡
蔓绿绒	呕吐、肾衰竭

①译者注：Mimosa du Japon 学名为*Caesalpinia gilliesii*，也被称为天堂鸟（Oiseau du paradi），但与天堂鸟鹤望兰属无关，它是豆科植物的灌木。

眼部问题 / *LES PROBLÈMES OCULAIRES*

眼部问题是许多小型犬多发的问题。流泪是最常见的问题。如果您的狗眼睛充血，很可能是患上了结膜炎，只需使用兽医建议的眼药水进行简单处理即可。眼部充血也可能是传染性肝炎的症状，这种疾病在法国极其少见，也可能是犬瘟。

老年狗狗的眼睛会发青，这是白内障的症状。如果状况加剧，狗狗可能会失明。如果狗狗受到外伤或患上诸如糖尿病之类的疾病，也可能引发白内障。这种疾病的手术能够进行得相当顺利。充血、流泪、害怕强光，可能是角膜炎的症状，角膜炎是由炎症引发的角膜病变。病因可能是外伤：比如，眼部遭到拍打。当整个眼角膜都变得浑浊时，狗狗就会失明。

如果您的狗狗眼球肿胀、发疼且视力下降，可能是患了青光眼，这种疾病的病因是眼部房水循环出现阻塞。兽医可能会开抑制剂。青光眼可以通过外科手术得到治疗。

某些品种犬会有睫毛乱生或睫毛异位的问题，比如北京犬，它们的睫毛会内生从而引发炎症。这种疾病通常为先天性疾病，有时需要进行外科手术。

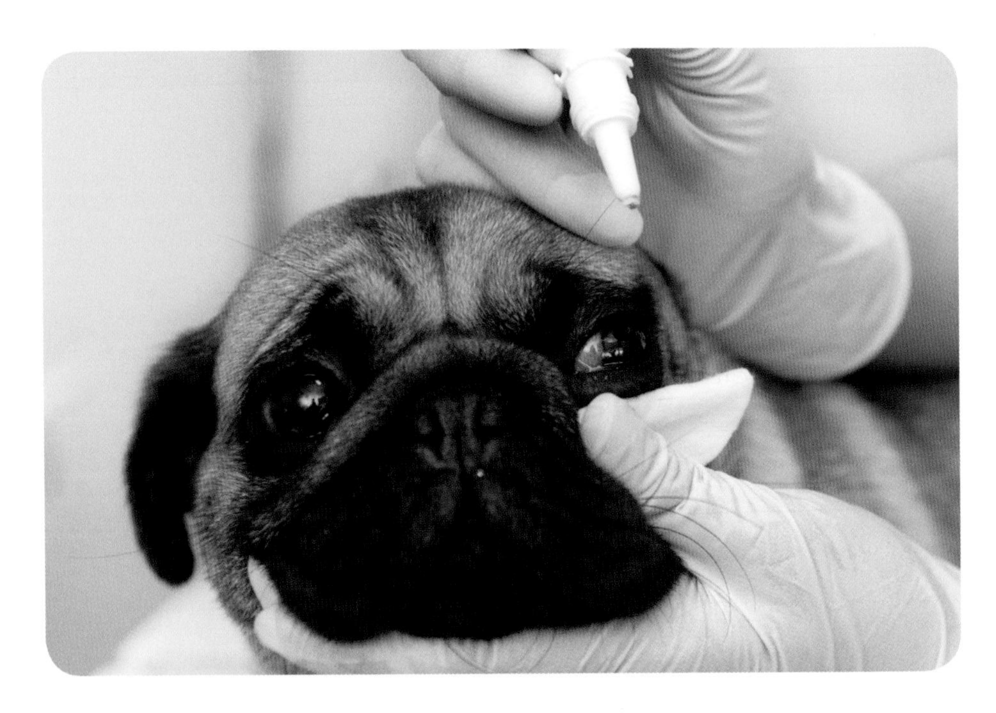

如果狗主人爱好替代医学，兽医就会向其建议一些替代医学疗法（指常规西医疗法之外的补充疗法，如催眠方法）。

对于缓解神经痛苦和治疗神经疾病，针刺疗法十分有效。

只有少数兽医或专业医生会采用顺势疗法（为替代疗法的一种）。

耳部问题 / *LES PROBLÈMES AURICULAIRES*

狗狗会经常挠耳朵，但是如果您的狗一直挠个不停的话，请您检查它的耳道。如果耳道内有许多发黑发臭的耳垢，可能是比较容易治疗的耳癣。湿疹也同样会使狗不停地挠耳朵。

请不要用棉签清理狗狗的耳朵，也不要在没有医嘱的情况下使用消毒产品。

越来越讲究的宠物医疗 / *DES SOINS DE PLUS EN PLUS SOPHISTIQUÉS*

如今，私人兽医院的装备越来越精备，快抵得上一整栋正规医院了。抽完血之后，电子设备能够马上进行血液和生化分析。手术室也经过了超完备的改进。随着麻醉技术的进步，外科手术也取得了惊人进展，尤其是在骨科手术方面：钉子、假体和接骨板的加固手术已稀松平常。激光技术使治疗更加先进，尤其是在眼科手术方面。癌症治疗需要外科治疗，也需要化学治疗，有时也要用到放射疗法。

如果一只狗患有心脏病，那么诊所里的记录装置能够为其描绘心电图，如有必要，还会有监控器对其心律进行连续记录。为了对其进行抢救，心脏起搏器也会派上用场。多亏了犬类血库，一条不慎被卷入交通事故的狗狗才能够接受输血。兽医通常会在麻醉的情况下给狗狗洗牙。也可以安装假牙。如果狗狗不得不住上几天院，也有舒服的病房供它安身。

Chien civique
做只文明的乖狗狗

如果有和狗相关的法律法规存在，并且如果您能够遵守这些法律法规的话，那么首先受益的就是您的狗狗。

城市花园并不欢迎狗狗 / *EN VILLE, LES JARDINS N'AIMENT PAS LES CHIENS*

要说我们的狗狗在什么地方会碰软钉子，那肯定就是在城市里了。目前为止，很少有城市愿意把自己干净整洁的地盘让给狗狗撒欢。

当所有公园门口都树起“犬类禁入”的标牌时，还剩下哪些地方允许我们带狗散步呢？

不要去人多的地方 / *À PARIS*

请不要带狗狗去人多的地方，因为根据规定，狗在人多的地方也需要系上牵引绳。如果您的狗并不是爱往水里跳的类型，并且能够完美服从召回指令，您可以带它去河畔闲逛，但是要做好随时给它重新系上牵引绳的准备。

狗不得入内 / UN PEU D'HISTOIRE

只要您将狗装在随行包里就基本上可以带它去任何地方，不会有人将您拒之门外。

出于卫生考虑，食品商店、医院和敬老院是禁止狗入内的。

另外，公共交通工具一般是不允许狗狗进入的。

宠物狗的丢失与复得 / CHIEN PERDU ET TROUVÉ

在城市里，如果您的狗不幸与您走散，它能够找到您踪迹的可能性微乎其微，因为上千种气味会让它的鼻子失灵。

如何找回您的狗 / COMMENT RETROUVER VOTRE CHIEN

毋庸置疑，您首先需要做的事情就是尽快在它走丢的区域来回寻找，一边喊它的名字，一边吹口哨；尽可能多地向路人和沿路商人打听狗的消息。不要忘了询问沿街居民。他们或许可以提供帮助，尤其是如果您的狗被人偷走的话。

狗身上的电子芯片是帮助您找回狗的最重要筹码。请确认您的地址有效，并留下您的手机号码。

要想加大找回狗的概率，请在兽医办公室和诊所、狗走失的周边地区贴上寻狗启示，并通知附近的派出所。在告示上贴上狗的照片，将告示贴在墙上和商店里，也能起作用。请定期打电话咨询当地的收容所，也不要忘记在网上输入关键词“丢失的狗”搜索相关信息，您会找到一些可以发布广告信息的网站，社交网络可以助您一臂之力。

您要知道，如果有人捡到了您的狗，待领场、动物保护协会和兽医都有电子芯片读取器，他们可以通过家养宠物登记管理中心获取您的住址。

如果您拾获一只狗 / SI VOUS TROUVEZ UN CHIEN

如果这只狗身上没有任何信息也没有狗牌可以确认它的主人身份，请您

带它去就近的兽医诊所。如果这只狗身上植入了电子芯片，那么它的主人很快就会得到通知。

如果它没有任何身份信息，您也没有权利将其留下。您需要将它带到待领养机构。如果您对这只狗一见倾心，想要领养它的话，请向待养机构说明。

当狗去世时 / *QUAND LE CHIEN VOUS QUITTE*

在这万分痛苦的时刻，您需要马上思考的是该如何处理狗狗的遗体。

如果狗狗是在您家中去世的话，您不可以将它的遗体丢弃或埋葬到森林里，更不能将其丢到垃圾桶里，这样的处理方式可对不起主人这个名号。

火葬 / *L'INCINÉRATION*

火葬是城市里最常见的遗体处理方式。如果您的狗狗在兽医诊所去世，兽医会让您选择单独火葬或集体火葬。如果您选择单独火葬，您会拿到一盒狗的骨灰。

其他处理方式 / *AUTRES POSSIBILITÉS*

如果您想要将狗狗的遗体留在家中，将其埋在私人花园或专设的宠物基地里，不要用塑料包裹它的遗体，请用布料将它包起来并撒上生石灰。

您也可以选择前往狗的墓碑前哀悼，在宠物墓地租一处位置，按年支付租金。某些主人会选择另一种更特殊的处理方式，那就是将狗的遗体制成标本，将狗存在的痕迹保留在家中。

您的宠物狗可以继承财产吗？/ VOTRE CHIEN PEUT-IL HÉRITER ?

如果主人先于心爱的宠物狗离世，那么狗该何去何从？一位有远见的主人会提前做好万全打算。您可以给您的亲朋好友或某个组织留下一笔财产，将您的宠物狗托付给他们照顾；或者，您也可以让您的继承人发誓好好照顾宠物狗。如果您没有法定继承人，那么您完全可以将财产捐给动物保护协会，作为交换，让他们帮忙照顾您的宠物狗。

法律怎么说 / CE QUE DIT LA LOI

法律允许您在自宅或租赁的楼房中养狗——如租约中有禁止养狗的条款就需要尊重房主的意见。另外，狗主人要注意的是，狗不能破坏住所，不能破坏建筑的公用部分，也不能给其他住户带去“安居困扰”。

不当行为和处罚措施 / INFRACTIONS ET SANCTIONS

如果您的狗因为吠叫给邻居造成了困扰，您的邻居需要提供相关证据。您要么准备好永远面对邻居的控诉，要么想办法让噪声停止。如果狗狗的叫声激烈且无休无止，确实打扰到了邻居，您将面临麻烦的邻里纠纷。

即使您的狗处于和您分开或走失的状况，如果它破坏街道，或者情况更糟糕一些，成为了肇事分子，那么您就得为它造成的损失负责（或者其他照看它的人）。

法律规定在公共场合遛狗需要给狗系上牵引绳。如果您违反规定，可能会被处以罚款。

如果您的狗狗在人行道或排水沟里排便，严重影响市容，而您没有将其清理干净，那么您就可能被处罚款。

夏天，如果您让您的狗狗在公共花园的喷泉或水池里洗澡，管理人员可能会要求您将狗带离，如果您拒绝配合，可能会有麻烦。

没有任何法律条文规定您必须将您的狗牢牢固定在车上，但是，如果在马路上，您还是需要保证狗狗不会妨碍到交通安全。

狗狗的保护措施 / *LA PROTECTION DES ANIMAUX*

如果一位狗主人不尽义务、不照料狗、将狗监禁在恶劣环境之中、不给狗喂食……这些行为都是不道德的。

如果您目睹了虐待动物的行为，请联系动物保护协会，他们会参与这种事件的处理。

保险有什么用 / *À QUOI SERVENT LES ASSURANCES*

有许多保险可以为狗投保。您可以在网页上找到相关网页进行对比，选择最适合您的保险。保险的价格有所差别，可以为您担保大部分由于意外事故引发的费用。

如果主人离婚 / *EN CAS DE DIVORCE*

一条夫妻共养的狗在主人离婚时会如何处理？如果两个人都表示出继续养它的意愿的话，事情就比较难办了。而这正是时有发生的事情。

如果狗在婚前原属于丈夫（或妻子），一般来说原主人将会得到继续抚养狗的权利。如果遇到夫妻分居的情况且伴侣提出抚养宠物的要求，那么他或她需要提供宠物确实属于自己的书面证明。

在同居婚姻的情况下，如果狗是婚后财产，那么夫妻二人都拥有继续抚养权。如果离婚是出于双方自愿，那么夫妻需要在提交审判之前提前协调好狗的抚养权归谁。虽然夫妻双方通常会达成共同抚养的决定。

相反地，如果事情发展不顺利，法官会判断谁是照顾狗更多且与狗建立更为亲密关系的一方，从而做出判决。法官会确认申请抚养权的一方有足够的财力和精力照顾好狗。与家中宠物建立特殊关系的小孩对最终判决具有决定性的影响。如果法官认为另一种抚养模式对狗来说更有益的话，也可以做出相应判决。

Pendant les vacances
与狗狗共度假期

您无法想象没有伴侣犬陪伴在身边的旅程？狗狗一般情况不能与主人同乘公共交通工具。但是如果您无法将它带在身边的话，还有许多其他方案待您选择。

轿车 / *EN VOITURE*

狗通常都很喜欢轿车，尤其是在它从小习惯了轿车的情况下。它知道每次停车的时候，它都可以下车去散步、玩耍、喝水、上厕所。如果它还没有习惯轿车的话，您可以将它关到结实一些的笼子里安置到后座，或用稍短一些的牵引绳将它固定在后座，或者能用背鞍固定更好，那样它能受到更少的颠簸。

在长途旅行之前，请尽可能开车带它短途出行，让它习惯轿车。

请注意不要让它在您开车门时蹿出去，请用牵引绳牵住它。不要忘记让它在服务区附近解决生理问题，请您用小袋将粪便收拾干净并扔进垃圾桶。

即使您的狗狗很小很安静，也不要让它在驾驶室自由活动。它可能会跳到司机的膝盖上，这是很危险的。如果遇到交通事故，狗会因此被抛射出去，死亡概率极高。

如果狗晕车 / IL EST MALADE EN VOITURE

如果您的狗在旅途中晕车、流泪、流口水、呕吐或发抖并抖个不停，那么不管对您还是对它来说，情况都不太妙。请您将狗安置在汽车后座，座椅用塑料或椅套包好。最好用背鞍将狗固定在后座，让它可以看着您或欣赏窗外风景。在出发之前，请您根据兽医医嘱喂它对抗疗法药物或顺势疗法药物让其放松。但出发之前还是需要首先开上一段短途来做测试。某些抗压药会对狗产生相反的疗效。

预防中暑 / ATTENTION AU COUP DE CHALEUR

高温和脱水是您在开车带狗狗出行的过程中需要重视的两种情况。永远不要将狗狗留在车里暴晒，即使没有开窗，车内温度也会迅速升温到50℃，狗很可能会中暑。先是流口水，接着喘粗气、舌头变青、陷入休克状态、心力衰竭，甚至会有死亡的危险。请马上将狗狗带离车厢并安置到阴凉处，不要突然给它降温，可以给它盖上一块湿毛巾，然后马上带它去就近的兽医诊所就诊。

即使您将车停在阴凉处，也不要将狗狗留在车内。等阳光调转方向时，车内温度会迅速升到30℃，狗狗会有中暑的危险。

如果您要小停一会，请保证车子始终处于阴凉环境下，并给窗户留出一丝缝隙，既能让空气流通，也能减少狗狗被偷的风险。

夏天天气炎热时，尤其是在您的车内没有空调的情况下，请提高停车的频率，让狗多喝水。不要在交通堵塞时一直等着。在等待交通重新变得通畅时，尽可能休息一下，让狗下车活动。

飞机 / EN AVION

当您在旅行社预约座位或买飞机票的时候，请确定您可以携带宠物上飞机。有些航空公司是不允许携带宠物上

宠物是否能坐长途客车取决于当地的法规。请提前向客车公司咨询相关信息。

飞机的，而有些则将携带数量限制到了1只。请在离起飞前至少72小时联系航空公司，确定您的狗可以上飞机。您的狗狗需要有电子芯片身份认证，健康证也需要在有效期内。

有些国家小型犬可以在专用运输包里和主人一起乘坐飞机旅行。如果它感到紧张，您的兽医可以开一份镇静剂以供它在飞机起飞前服用。

在飞行期间，您的狗狗不可以离开放在您脚下或腿上的随行包。但是，如果您的航程时间较长，可以让它把脑袋伸出来喝水和进食。

体型稍大一些的狗狗，比如4千克以上的狗，会被安置在储物仓内。对狗来说，这种情况显然更有压力。请您准备一个符合航空运输标准的笼子。如果您来不及在起飞前购买笼子，一般来说，您可以在机场向航空公司购得。

无需担心。储物仓内气压正常、空气流通且温度适宜。请您在笼子上贴一张小纸条，写上您的住址和其他和狗狗有关的注意事项。在笼子里铺上一件您的毛衣（或短袖）：您的气味能够使它感到安心。

美国有一家完全为宠物服务的航空公司，任何体型的宠物都可以乘坐。宠物会由受过专业培训的空姐们进行陪同照顾。

出国 / FRANCHIR LES FRONTIÈRES

要出国，甚至带狗一起出国并不容易，如果狗未满3个月大且没有接种过狂犬疫苗的话甚至会被禁止出境。所以您不能因为一时头脑发热就决定出国旅行。在出国之前，请您尽可能向大使馆咨询相关信息，准备需要向海关出示的文件、必不可少的疫苗证和健康证，因为每个国家的法规是不一样的。比如，有些国家只允许每位游客携带不超过2只宠物入境。

在欧盟国家之间，只要您的狗拥有“欧洲护照”，您就可以带它自由出入旅游。欧洲护照由兽医分发，可以代替目前为止所有的证明。护照上包括了电子芯片的身份认证信息、宠物的描述以及所有必要的卫生证明：疫苗、健康证、主人的名字和住址。

有些欧洲国家的要求更严格；要想去英国、马耳他、爱尔兰和瑞典，您还需要对狗进行针对蜱虫和包虫病的驱虫处理，并且要对它的狂犬病疫苗进行抗体采样，确认疫苗生效。

有些国家还要求狗注射其他疫苗：比如挪威要求狗接种过钩端螺旋体疫苗和犬瘟疫苗。

其他国家还要求狗进行检疫隔离，如澳大利亚、新西兰、墨西哥等国家就有此要求。

优待 / UN TRAITEMENT DE FAVEUR

从2014年10月起，短吻犬种即口吻部“扁平”（鼻子塌扁）的犬种，比如八哥犬、波士顿梗、拳师犬以及斗牛犬，受限于它们的呼吸系统，法国的航空公司已经不再提供这些犬类的储物仓运输服务。但是它们可以被带上机舱，只要它们带笼或带包体重不超过8千克即可。每趟旅途只能携带1只宠物。

微型芯片 / LA MICROPUCE

只有兽医才有资格给狗狗安装微型电子芯片，让狗狗得到身份认证。米粒大小的电子芯片通过一种活塞针头被植入到宠物脖子部位的皮下。芯片的植入是无痛的，狗狗感觉不出芯片注射和疫苗注射之间的差别。芯片不含任何对狗有害的磁力或电子系统。只需将专用读取器放在离脖子几厘米远的地方就能够读取芯片信息了。有了这一身份认证，您的狗狗就会被收录到相关部门的信息库里了。

在外度假 / EN VILLÉGIATURE

为了能够和主人在一起，狗会喜欢度假，对它们来说，度假相当于大自然中的探索和散步活动。无论您选择在哪里下榻，请带上狗狗的窝。它会少一些不自在。

住宿 / L'HÉBERGEMENT

为了避免消化问题的发生，请您尽量不要改变它的食谱，哪怕需要带上它的食盆和狗粮。

如果您的住宿地点离药店稍远，请一定带上狗用驱虫药、抗组胺药，如有必要的话，再带上抗毒血清（需要保存新鲜）。通常情况下，您的行李箱还应该备有其他物品（棉花、纱布、杀菌剂、剪刀、除毛钳……）。

如果您入住酒店、露营或住在娱乐中心里，请在预约之前确认您可以携狗一起入住。一般来说，所有酒店，特别是连锁酒店和豪华酒店，通常会收取一笔额外费用来安置小型犬。只要您的狗狗有身份认证、接种过疫苗且系有牵引绳，那么大部分露营地都会接收它。

如果在旅途中不幸发生了意外，多种险保险会为您的宠物狗保驾护航。一些宠物保险公司还可以负责海外的兽医医疗费用，无论是看病还是外科手术都能够得到赔偿。还有一些宠物保险公司还提供疫苗接种套餐，如果在外发生重大事故而被遣返回国，一些保险公司也能赔偿相关费用。在投保之前，请您仔细阅读保险协议，货比三家。

海滨浴场 / L'ACCÈS AUX PLAGES

大部分海滨浴场都禁止狗狗入内。即使有些海滨浴场允许小型犬待在阳伞下，它们也无权自由活动。在选择海滨浴场之前，请您提前致电市政府或旅游服务处咨询哪些海滨浴场允许狗入内。并且问清楚需要满足的条件：必须系牵引绳还是可以自由活动，需要在限定区域活动还是没有限制，全天都可以入内还是在某些特定时间段才可入内，时间限制分别是早上和晚上几点。

不要让您的狗狗在海滨浴场留下排泄物。步行街沿路一般都有垃圾桶，您需要将排泄物收拾到里面去。如果您违反这些规定，可能会面临一笔巨额罚款，金额根据市政府规定会有所不同。即使是在允许狗狗入内的海滨浴场里，您的狗狗也不能往其他游客身上踢沙子，也不能把水甩到其他游客身上。只要它不干任何坏事，就能更好地被人接受，也能让人们对狗狗有所改观。

一些建议 / QUELQUES CONSEILS

预防中暑。请不要在太阳最为毒辣的时间段带您的狗前往海滨浴场，尤其是在您的狗年事已高或患有心脏疾病的情况下。即使有阳伞遮阴，如果它一动不动，也无法长时间忍受高温。不要等到您的狗狗开始喘粗气的时候才让它喝水、给它降温。如果它的鼻子有褪色问题，请给它涂上一层保护膜。

请不要让您的狗去离您很远且并不安全的区域戏水。它可能会被海浪卷走，有淹水的危险。如果您往远处游，请不要带上狗。它无法跟上您。

在海浴之后，请用温水为狗狗进行充分清洗，把会让皮肤发炎的沙子和盐都清除。然后小心地将干燥其耳内。如果它在岩礁区域玩耍过，请您检查它的肉垫。

如果狗狗不与您同行 / *S'IL NE PART PAS AVEC VOUS*

对狗狗来说，没有什么事情比得上陪您一起旅行，但是很不幸，无法带它一起出行的情况总会发生。

如果您无法将其托付给亲朋好友或熟人看管，请考虑家庭寄养。将您的狗寄养在一位会同时看护好几条小型犬的信誉良好的人家里，这是一种好办法，并且有了其他同伴的陪伴，您的狗狗肯定能够更好地度过您不在的这段时光。在带狗狗去新家之前，请带它提前拜访1～2次，让它熟悉地盘。

您可以在网络上找到许多服务公司，它们拥有专门人员为您提供宠物寄养服务。您也可以将您的狗狗留在家里，交给一名大学生或老人来看管。这项服务有可能是免费的。还有另一种方法：您可以在另一位主人度假时帮忙照顾他/她的狗，等您出门时，请他/她帮您照看您的狗。

您也可以在网站上找到对宠物开放的度假地点，如酒店、露营地、私宅客房以及民宿。

不同种类的寄养服务 / LES DIFFÉRENTS TYPES DE PENSION

带笼寄养是一种常见的寄养模式，在将您的狗狗送去寄养之前，请认真查询与寄养机构有关的信息，并且不要犹豫前往实地进行至少2次突击检查，确认当时在场的宠物们都过得自在舒适，饮食良好。带上您的狗狗一起前往寄养处，让它熟悉周围环境以及将要照料它的人。

当然，您的狗狗必须通过身份认证并且接种过要求的疫苗，才能被寄养处接受。将它的毯子、狗窝和它最喜欢的玩具留在笼子里。如果它感到不安的话，再铺上一件您的旧毛衣。您的气味能够帮助它消除不安。也可以使用具有镇静效果的信息素喷雾。

四星级酒店 / LES HÔTELS 4 ÉTOILES

以前，带笼寄养是主人们唯一的选择，舒适程度差强人意，留给狗狗活动的空间小之又小，但主人们不得不选择这一种寄养模式。

今天，主人可以将狗寄养在专属四星级酒店了。狗是否能够习惯这种舒适生活还有待考证。

确实，要随身带狗出入大部分酒店都不太容易。一些四星级酒店为了讨好顾客，会收取一笔合理的费用，提供真正的犬类“服务客房”，配备高档狗窝、护理产品以及定制菜单。

Le chien de race et les expositions
品种犬和选美比赛

您的狗狗已满1岁，您觉得它外形俊美并希望得到他人肯定，并且也希望可以得到血统认证。那么，您可以带它去参加选美比赛。

优秀犬舍才有高品质小狗 / *UN BON ÉLEVAGE POUR UN CHIOT DE QUALITÉ*

您最好在离家不远的犬舍购买小狗。这样就可以方便您多去几次犬舍，认识一下培育者，甚至狗妈，如果可能的话，也可以认识一下狗爸。

需要注意的地方 / *CE QU'IL FAUT SURVEILLER*

请仔细观察小狗的成长情况和它的生活环境，观察它所处的犬棚是否干净，小狗之间是否有互动，小狗是否和人类有接触。在正规的犬舍里，您可以找到高品质幼犬，可以了解幼犬的血统谱系。

比起同时繁育多个品种的犬舍，建议您选择只专注一种或两种的犬舍。家庭式小型犬舍通常为犬类爱好者所经营，家庭犬舍的小狗通常能够得到培育者更多的照料，而且拥有更强的社交性。

请勿选择“后院”犬舍，因为在“后院”犬舍里，有大量到了退休年龄的狗狗（6岁左右）仍在怀孕。

一位优秀的培育者会解答您的所有问题、为您提供建议、询问您选择养

育该犬种的具体原因并了解您的生活模式。他/她也会让您查阅有关小狗的所有文件资料。

一定要避免的事情 / À ÉVITER ABSOLUMENT

无论是不是品种犬，最好不要在宠物店购买幼犬，即使它看上去品相良好。

即使该宠物店的兽医检查相当严格且频繁，长期待在笼子里也会对小狗产生心理创伤，当您将它接回家之后，它会出现一些行为问题。

请一定不要理会网络上那些以任何价格售卖小狗的广告。请您咨询那些正规犬舍。它们会告诉您目前可以售卖的小狗数量以及即将诞生的小狗信息。有些培育者还会为您提供十分详尽的犬种信息以及犬舍信息。

血统证明 / LE PEDIGREE

作为犬类选美比赛的奖品，这份官方文件是符合该犬种标准的证明。包括系谱证明以及真实血统的认证。

如在法国，当一条狗被录入法国血统名录之后，该证书就会发放。法国血统名录始于1885年，记录了法国所有品种犬的血统。只有那些被登记在册的狗才有权拥有“品种犬”的官方称号。

2013年法国血统名录排行前10的小型犬 / LE TOP 10 DES PETITES RACES, INSCRITES AU LOF EN 2013

1. 骑士查理王猎犬（7547）
2. 法国斗牛犬（6504）
3. 吉娃娃（6411）
4. 约克夏梗（5806）
5. 杰克罗素梗（3831）
6. 腊肠犬（3769）
7. 西施犬（3374）
8. 棉花面纱犬（2274）
9. 西高地白梗（2224）
10. 八哥犬（1317）

如何获得血统证明 / COMMENT OBTENIR UN PEDIGREE

血统证明不是一日可成之事。首要条件：您的小狗需要通过芯片身份认证，证明它的父母都是品种犬。凭借培育者授予您的出生证明，您可以将小狗暂时登记到血统名录上，但是它必须得到“认证”才能最终让其名字切实地记录在册。

在法国，一般来说，认证考试都会在选美比赛举办期间进行，法国的品种犬俱乐部也会定期组织认证考试。要想得到认证，您的狗必须达到其成年体型。然后在专业评委（或犬种专家）面前进行展示，如果您的狗符合犬种标准，他/她就会在狗的出生证明上签字。您需要在之后将此出生证明寄给法国中央养犬协会并支付一笔费用，他们会将最终的血统证明寄回给您。

为了成为繁殖犬必须做的事情 / INDISPENSABLE POUR DEVENIR REPRODUCTEUR

一旦您的狗得到了血统认证，它就有了成为品种繁殖犬的可能，也就是获得了和品种犬交配以及繁育品种犬后代的可能。在您为购得一条血统犬而花费了一笔高昂费用之后，售卖品种血统幼犬能够补贴一部分费用。如果可能，您也可以自己开办一家犬舍。

如果小狗的父母都是品种犬，那么它可以被记录在“品种犬后代”名册上。品种犬父母需要得到血统认证，培育者需要将繁育情况进行申报，幼犬需要登记到法国中央养犬协会。

如果小狗的父母并非品种犬，但是在认证考试中有评委将其认定为品种犬，您可以以“始祖血统”的名义将其注册到法国血统名录上。

犬种标准是什么？ / QU'EST-CE QUE LE STANDARD ?

犬种标准明确规定了相应品种的犬种需要具备的外形特征，体型、体重、身形、毛色、尾巴形态等，都属于标准考察范围。这一官方条文需要得到世界犬业联盟（FCI）的认可才能投入施行。世界犬业联盟对世界不同国家的犬业协会进行统一管理，法国的中央养犬协会加入了这一组织。

品种犬幼犬相关文件 / *LES PAPIERS DU CHIOT DE RACE*

培育者必须提供的文件有：

- 买卖双方签字的交易证明。该证明会对幼犬进行精准描述，包括它的本名、谱系名或犬舍名，并标注售卖价格和支付方式；
- 小狗的电子身份证明；
- 出售前的体检兽医证明；
- 小狗的出生证明或临时血统证明，如果您购买的狗是得到过认证的成犬，培育者需要提供血统证明；
- 与狗相关的背景文件，包括狗的需求、健康建议和训练建议；
- 盖有第一针疫苗证明的文件，如果是超过3个月大的小狗，还需要盖有续种疫苗的证明。

选美比赛 / *LES EXPOSITIONS*

选美比赛是那些拥有漂亮品种犬的主人们的盛会。比赛的目的在于通过挑选最优秀的个体来宣传和改良犬种。这就要求评委需要具备一定水准，比赛的组织也要足够严格。

第一次参加犬类选美比赛时，您可以将您的狗狗和其同胞进行比照来更好地判断它的优点和缺陷。犬种专家会为您提供建议，告诉您如何改善狗的外形、行为以及工作表现。您也可以结识其他和您养同一品种犬的主人。

您将会在选美比赛上见识到各种各样的品种犬，一些经过美容和精心打扮的讲究选手，还有能够进行杂技表演的身姿矫捷的运动犬，它们是比赛上的一道亮丽风景线。

某些爱犬人士之间的特殊礼仪可能会让您“大开眼界”。在比赛临近之际，您会发现狗主人们都兴奋不已，有些主人甚至表现过激（但狗狗不一定会有同样的表现）。

展示 / *DÉROULÉ D'UN DÉFILÉ*

主人们衣着讲究、意气风发，牵着自己的“风采之星”依次做展示，好似在举行盛宴。

当一只狗经过评委面前时，评委们主要以犬种标准为依据对其外形进行评价。

犬种标准的要求具体且详尽，但是对于某些主观性较强的标准，不同评委的解读可能会有细微出入：比如杏眼形状的饱满程度、鼻子颜色的细微差别。狗的行为也在考察范围之内。所以对于一位梦想让狗赢下选美比赛并登顶为“全场总冠军”的主人来说，等待考察结果的过程是令人焦虑的。

奖赏 / *LES RÉCOMPENSES*

如果您梦想让您的狗狗成为总冠军，那么竞争会变得相当残酷。如果它没有摘得桂冠，也请不要气馁。您带它参加选美比赛时，就已经为该犬种的推广工作尽了一份力，因此其他培育者的努力也没有白费。

不同的犬种俱乐部每年会举行一次相关特定犬种的全国性选美比赛，优胜者可以获得选美冠军的头衔。

一只狗会在比赛结束之后得到评定，分别为“卓越”“出色”“优秀”和“良好”。

得到“卓越”评价的狗是与犬种标准差距甚微的狗。它身形饱满、“档次”很高、步态优雅。即使有那么一丁点缺陷，也是瑕不掩瑜。不管是哪种性别，“卓越”犬的性别特征都能符合相关犬种的标准。

得到“出色”评价的狗是高品质的狗，具有相当优秀的外形条件。它具有相关犬种的代表性特征，身材匀称。一条得到“出色”评价的狗不能有任何外形缺陷，但允许出现其他方面的极小缺陷。

得到“优秀”评价的狗符合所有相关的

犬种特征，但多少有一些缺陷，不过并非犬种标准所认为的重大缺陷。得到“良好”评价的狗是符合所有相关犬种特征，但有一些明显缺陷且并不拥有足够优秀外形条件的选手。

评委会对未成年选手给出整体评价：“前途无量”“前途可期”以及“前途尚可”。以此对小狗的未来发展给予鼓励。

参加选美比赛的狗能够获得经过国际犬类机构认证的不同头衔，比如超级大冠军（CACS）或国际冠军（CACIB）。

不同的年龄段组 / *LES DIVERSES CLASSES*

选美比赛会将狗分为不同的年龄段组进行比赛，比赛前夜会分好组别。以下是部分年龄段组：

- 幼犬组：面向6～9个月大的选手；
- 青年犬组：面向9～18个月大的选手；
- 过渡年龄段组：面向15～24个月大的选手。

业务考试 / *LES ÉPREUVES DE TRAVAIL*

某些伴侣犬仍然保留了猎犬的名号，尤其是猎狐梗、杰克罗素梗以及腊肠犬。在参加选美比赛的同时，它们还可以参加由犬种俱乐部举办的年度业务考试。

天赋测试（TAN）面向年满6个月大的狗，主要测试狗面对猎物的反应及其性格：社交性、顺从性、坚定性等。天赋测试可以作为狗狗迈向官方业务考试比赛的开端。

杰克罗素梗和猎狐梗需要参加人造洞穴、天然洞穴以及灌木丛的捕猎考试。而腊肠犬参加的业务考试则不同，它需要追捕的是地上的各种猎物以及地下的狐狸和獾。腊肠犬还需要追踪受伤动物（流血的狗）和挖掘松露。

准备工作 / *LES PRÉPARATIFS*

要带您的狗狗参加选美比赛，您就得确保它正处于良好状态。如果它正处于换毛期或受了一点轻伤，请您三思而后行。参赛选手必须完美无瑕，需要经过洗漱、梳理甚至美容护理。对于某些像贵宾犬一样的犬种来说，犬种标准要求参赛选手进行美容护理，以便更好地展示其外形。

狗的行为表现也很重要：它得在牵引绳下表现自如，能够依偎在您身边信步或疾走。面对评委时，它需要一动不动，保持得体的站姿，任由评委进行检查，不能出现不雅行为。面对嘈杂的环境和涌动的人潮，选手不能表现出不安，尤其不能向同伴发起挑衅。要想做到这些，就得进行充分准备。您可以通过奖励机制训练狗保持一动不动的站姿。您可以通过带狗狗逛集市、参加节日庆典来让它习惯噪声和人潮。如果它还需要美容护理的话，除非您是专家，不然还是请带它去专业美容店吧。

陪狗狗参加选美比赛时，不要忘记带上以下物品 / *POUR ACCOMPAGNER LE CHIEN EN EXPOSITION, N'OUBLIEZ PAS D'EMPORTER*

- 参赛证；
- 在有效疫苗期内的证明文件；
- 血统证书和身份认证文件；
- 水盆，以便它保持清醒，如有需要，也可以带上食物；
- 小点心，以便让它保持安静；
- 一条毯子；
- 一把刷子，以便在上场之前做最后打理。

Reproduction et portées
繁殖和生育

“定制”一窝幼犬 / *UNE PORTÉE SUR MESURE*

如果您想让您的雌性狗狗生育，您需要从它的血统证明开始考虑许多事情。

事实上，如果您的狗狗已经得到了血统证明，并且如果您希望让它和同样有血统认证的异性进行交配的话，在法国，您需要咨询犬种俱乐部，向他们获取培育者的住址信息。

在法国，在两只狗成功配种之后，您需要和雄性狗狗的主人一起在配种证明上签字，然后在4周内将其寄给法国中央养犬协会（别的国家会有类似的机构来负责此类事务）。只有这样，未来的小狗才能得到养犬协会承认并取得出生证明。

如果您的雌性狗狗没有得到血统证明，那么配偶的选择将会更加轻松。不过，虽然雄性的品种不再重要，但是它的体型仍然很重要。事实上，雄性的体型最好能够和雌性的体型差不多，这样就可以避免狗妈妈在分娩时遇到问题。不管怎样，无论是送人还是售卖，混种犬都比纯种犬更难出手。

发情期 / *LES CHALEURS*

为了繁育后代，狗狗的发情期每年会出现2次，通常来说都在春秋前后。但是，某些雌性狗狗的发情期可能与季节无关。

狗狗的第一次发情期出现在青春期，如果是小型犬，大概是6～7个月大的时候。第一次发情期也被叫做前发情期，在此期间，雌性狗狗的外阴会肿胀并流血。雄性狗狗会被吸引而来，但雌性狗狗会拒绝与之交配。不同雌性狗狗的初次发情期持续时间不同，一般来说都在9天左右。

等前发情期过去之后，真正的发情期就到来了。发情期会持续9天，此时雌性狗狗会接受与雄性狗狗交配。发情期开始后2天，雌性狗狗会开始排卵。

一般来说，应该在排卵48小时之后进行配种，但是有些雌性狗狗会拒绝和雄性狗狗交配，这使得配种变得困难。这也是很难获得一窝幼犬的原因。

在配种时，最好将雌性狗狗带往雄性狗狗地盘，而不是反过来，因为雄性狗狗在自己的地盘上会更加游刃有余。如果配种没有成功的话，可以让兽医进行人工授精。

带有血统证明的雄性配种价格不一：取决于雄性的外形以及它所获得过的参赛头衔。由于某些狗主人会大肆要价，所以您最好还是向犬种俱乐部征求意见。如果雄性狗狗主人并未索取配种费用，那么他/她可能会在这窝幼犬当中挑选一只作为补偿。如果幼犬数量只有一只，那么他/她有重新决定权。

狗狗的怀孕迹象 / *LES SIGNES DE GESTATION CHEZ LA CHIENNE*

在配种成功后约1个月左右，雌性狗狗会出现怀孕迹象：阴道流出分泌物、乳头肿胀、腹部隆起。如果怀孕已经超过21天，兽医可以通过触摸雌性狗狗的腹部进行诊断。松弛素是怀孕期间会分泌的一种激素，如果血检中测出这一成分，那么也可以确定雌性狗狗已经怀孕。

虽然听诊和超声波检查无法确定雌性狗狗所怀幼犬的数量，但是也可以检测到幼犬的存在。

分娩 / LA MISE BAS

在分娩前不久，狗妈妈会开始筑巢。一般来说，它会开始挖掘地面、壁橱深处或自己的狗窝，并且会表现出烦躁不安的样子。当宫缩开始时，它会开始抽搐，等到宫缩过去之后再进行放松。有时宫缩会很频繁，它就会开始大口喘气或颤抖。

狗妈妈阴道会依次分泌出一股干净、淡绿色和深绿色的分泌物，这标志着小狗即将诞生。如果在阴道分泌黏液后一个小时仍然没有后续动静的话，请您向兽医寻求帮助。

分娩一只小狗通常需要20分钟，不过在每只小狗之间可能会有2个小时的间隔。一旦超出这个时间，如果确定狗妈妈肚子里还有其他小狗，请马上呼叫兽医。

在狗狗怀孕、分娩和小狗诞生的过程中，它需要在一处安静安全的地方休息。当它开始分娩小狗时，请您陪伴在它身边，好让它感到安心，如有需要，请您在自然分娩遇到困难时帮它一把。

等生产结束后，请让您的狗狗饮水进食，将它带到外面解决生理问题，替换它“巢”里被弄脏的布料。如果狗妈妈有发烧迹象或其自然分泌物发出恶臭，请马上呼叫兽医。

狗狗怀孕期间的饮食 / L'ALIMENTATION DE LA FEMELLE GESTANTE

通常情况下，怀孕狗狗只需进食适量的日常食物即可。不过您可以为它提供一些热量食物，满足其怀孕期所需的营养。您可以向您的兽医购买这种食物。请注意让您的母狗狗少食多餐，每天喂食4次（在怀孕后期每天喂食4～6次），因为腹中的胎儿占去了消化道的空间，一次吃得太多会导致母狗狗消化不良。

狗妈妈和它的小狗 / LA CHIENNE ET SES PETITS

小狗降生后，狗妈妈会把胎盘吃掉，并用牙齿将脐带咬断。

一般来说，小狗都能自己找到妈妈的乳房。不过，如果它找不到的话，请您帮忙，因为小狗喝到母亲的第一口奶即“初乳”是很重要的。

小狗刚降生后的几天，狗妈妈会母性过激，表现出极度的保护欲。请您向小孩、来客解释情况，告诉它们需要等待一会才能接近小狗。

新生小狗的90%时间都在喝奶和睡觉。狗妈妈会让小狗喝奶并舔食它们的排泄物。狗妈妈通过舔舐小狗的会阴处来促进它们排泄。然后吞食它们的排泄物，清洁巢穴。

如果狗妈妈完全弃新生幼犬于不顾的话，请您用奶瓶给小狗人工喂奶，用湿棉花模仿狗妈妈的舌头，擦拭它们的生殖器。

避孕 / LA CONTRACEPTION

有两种方法可以给狗狗避孕：暂时性绝育或永久绝育。

- 暂时性绝育是在狗狗发情期前一个月注射孕激素，或再晚一些，在发情期到来前3天进行注射。请注意，频繁使用这种避孕方法会造成子宫积脓，这是一种危险的子宫疾病。
- 永久绝育，或称为子宫切除，是适用于所有年龄段的外科手术，一般在两次发情期之间进行。永久绝育的好处是可以减少生殖器官患病的风险，并且，如果在狗狗2岁之前进行永久绝育的话，还可以预防乳腺癌。

食物需求 / LES BESOINS ALIMENTAIRES

在哺乳期，狗妈妈的食量会变成正常情况的3~4倍。请每天喂3次含有丰富能量的特制食物，好让它能够产生充足的高质量奶水喂养小狗。4周后，等小狗开始进食硬食时，奶水的产量就会降低。

分娩2个月后，狗妈妈的食量就会恢复正常，但是它需要尽快恢复到怀孕前的体重。

体重的重要性 / L'IMPORTANCE DU POIDS

如果您发现小狗体重下降、嗷嗷待哺，或者连续两天都没有增加体重的话，可能是母乳出了问题。您需要咨询兽医。

人造食物 / L'ALIMENTATION ARTIFICIELLE

兽医提供的母乳也完全适用于小狗。不同于常识的是，纯牛奶或掺水奶

吃得好，长得壮 / *BIEN MANGER POUR BIEN GRANDIR*

在断奶期，狗妈妈和小狗都需要摄入含有丰富蛋白质和抗氧化剂的高热量食物，以此提高小狗的免疫力。

并不适合小狗。

不过，您可以使以下混合食物喂养它们：

1升纯牛奶（杀菌）；

4枚蛋黄；

1小勺植物油（大豆油、菜油、葵花油、玉米油、花生油）。

刚开始的几天，您需要从每天早上6点开始，每隔3个小时进行人工喂奶，直到半夜12点。第二周开始，从每天早上6点到晚上10点，每隔4个小时喂一次奶。然后，从第15天开始，每隔6小时喂一次。

您可以一次性准备一天或半天的奶量，然后放入冰箱内保存。可以买一个小狗专用的奶瓶，也可以使用婴儿奶瓶。

每次喂奶都要适量。如果小狗嚷嚷着要喝奶，您可以在奶瓶里留一口奶晚些再喂给它。填饱肚子之后，小狗就会安静地睡觉了。

断奶期 / *LE SEVRAGE*

一般来说，断奶期从小狗3周大开始，一直持续到第7周或第8周。刚开始时，可以先在它们的食盆里倒入一些特制母乳（绝对不要用牛奶），它们会本能地舔食。

第4周开始，逐渐往它们的碗里加入一些断奶专用食品：比如，松软的小颗粒狗粮。刚开始时，您需要加入母乳或水让狗粮变成糊状，方便小狗进食。

第5周，断奶食品将完全替代母乳。

第6周开始，可以开始逐渐用发育食品代替断奶食品。如果您选择狗粮喂养，请注意选择大小合适的易消化型狗粮。

等到小狗8周大时，它的奶牙会变得跟针一样尖锐，会把母狗的乳头咬疼，狗妈妈会开始躲避它。

根据不同年龄段，小狗每日要进食的次数也不同：

- 2到3个月大时，每日4餐；
- 4到6个月大时，每日2到3餐；
- 6个月以上，每日2餐。

等到小狗10个月大时，您就可以用成年狗的食谱喂养它了。但是不要突然改变食谱：一开始请先将幼犬粮和成犬粮混合喂养，然后再慢慢花10多天时间提高成犬粮的占比。

社交行为 / COMPORTEMENT SOCIAL

小狗在4个月大时应该懂得讲究卫生并学会控制自己的力量和活力。它不应该害怕外面的世界，在面对陌生人、同类以及家里的其他动物时也应该毫无惧色。

幼犬的精神发育 / LE DÉVELOPPEMENT PSYCHOMOTEUR DU CHIOT

出生后约2周，小狗就会睁开眼睛。等到第3周时，它能够听见声音并对声音有所反应。

在第3周到第8周里，通过和母亲以及兄弟姐妹的接触，小狗就能产生自我认知，知道自己是一只狗：这是同化现象。所以，在这一阶段到来之前，请不要将小狗和其他兄弟姐妹分离。否则，它可能会把自己当作人类，等长大之后就会表现出许多行为问题。

在和兄弟姐妹玩耍嬉闹的过程中，小狗会学会群体生活的规则。母亲则会为它打好基础。比如，如果它狠咬自己的兄弟，母狗就会咬住它左右摇晃以作为惩罚。通过这种方法，小狗就会学会控制自己的啃咬行为。

如果一条小狗在社交期和其兄弟姐妹互动频繁，那么长大以后，它也能和成年人、小孩还有包括猫和兔子在内的其他动物友好相处。

要想促进小狗的精神发育，请您为它提供丰富多彩的生活环境，为它提供有趣的玩具以及可供探索的环境，如果可能的话，让它在花园里探索。

等到小狗8周大时，如果您已经为它接种过疫苗，就可以带它上街了，对小狗来说，这也是适应周围环境的一项重要体验。

小公狗到了6个月大时就已进入青春期。母狗狗会逐渐与它疏远，把它单独留在狗窝里，禁止它靠近自己。小母狗则会更晚一些再割断与母亲的亲密关系，对小狗来说，这是一段悲伤的体验。不过它们的这种心情是暂时性的，小狗们会和兄弟姐妹保持亲密关系，很快振作起来。

快速发育／*UNE CROISSANCE RAPIDE*

小狗在母胎中就已经开始了发育。因此，小型犬幼犬的体型从出生时几乎就已经确定了。在出生4个月左右时，小狗的体重相当于其10个月成年后体重的2/3。

Le chien consommateur
养狗的开销

每年，全世界的人们花在狗及猫身上的开销大约为180亿欧元。而且这一数字还在不断增加。

安居的宠物 / UN ANIMAL BIEN INSTALLÉ DANS LES FOYERS

在法国，每2户人家中就差不多有1家养一只宠物（其中猫多达1100万只，狗则为700多万只）。20年前，这一数字比例为3：1。如今，独立住宅变多，空闲、时间增多，单身人士也越来越多了……人们喜欢狗及猫的原因多种多样。2010年，法国人花在犬猫身上在开销为45亿欧元，比1990年多出一半以上。

这其中，主人为狗购买食物所花费的开销占了3/4。其次是健康医疗方面的开销。十几年来，医疗开销增加了72%，而有了越来越好的医疗条件，伴侣犬的寿命也变得越来越长。对于品种犬来说，美容费用也是一笔开支。此外，还有购买大量小玩意的花销。

膨胀的开支 / UN BUDGET CROISSANT

某宠物用品品牌最新一项研究表明，在被调查的对象中，有62%的人群每年平均会为宠物花费4 800元。而55岁以上年龄段的调查对象为宠物支出的费用则更多，年支出在7 200～9 600元不等。

狗粮，超市里的雨后春笋 / *LA NOURRITURE. UNE MANNE POUR LES SUPERMARCHÉS*

曾经，在我们的祖母家中，狗和猫需要饥肠辘辘地熬到中午才能吃上主人给准备的食物，而这已经是过去式了。如今，无论是冬天还是夏天，无论是短毛狗还是长毛狗，小型狗还是大型狗，不管狗有没有绝育，您都能找到合适的狗粮，随时投喂。

由于没有时间，10位主人中有6位会为狗购置工业食品，这是最常见的情况，但并不是最经济的选择。但是一条小型品种犬的食量并不多。所以它的主人可以为其选择名牌“奢侈”狗粮或其他自称“健康”或“豪华”的高档食品，而不至于破产。然而，普通狗粮或罐头所含的营养也相当均衡，能够为宠物提供所有所需的维生素，商家都做出了保证。

犬用食品市场前景正旺，相关产品在各大商场抢尽风头，食品种类正变

得越来越细化。年龄段、体重和生活模式也被纳入了分类范围之内。

犬用零食的销售量也在稳定上涨。在传统饼干、肉粒糖果、鱼肉糖果和奶酪糖果的货架旁边，健康小点心也占有一席之地。这种小点心的卖点在于保持口气清新，预防牙垢形成，保护髌骨或保持毛的光泽，是犬用食品市场最为活跃的领域。

正是由于兽医诊所中一些减肥食物或保健食物的热卖，才有越来越多的主人担心自己宠物的外形。比如，我们可以在兽医诊所中找到不同品牌为超重狗设计的低热量食品，还有不同口味。此外还有其他系列产品，专为患有糖尿病、心脏病或其他疾病的狗而设计。

根据法国宠物食品品牌工会（FACCO）在2014年所做的一项调查，在730万只和我们一起生活的宠物狗当中，小型犬的比例有明显上升。这一趋势应该会继续保持。

兽医医疗护理 / *LES SOINS VÉTÉRINAIRES*

主人们像观察天气一样关注着狗狗的健康状况，并在需要时为其提供十分昂贵的兽医医疗护理。当狗狗年轻且风华正茂时，每年在续种疫苗时做一次检查就足够了。但是等它老去以后，医疗开支就会增加。

兽医检查的价格在30～50元不等，根据诊所所处地区和拥有设备的不同，价格也有很大差别。当狗狗患上严重疾病而需要进行手术或治疗时，费用可能高达8000元甚至更多。医生们的水平也越来越专业：皮肤病学、心脏病学、肿瘤学、骨科手术等领域都有涉及。对狗主人来说，看这些病都需要花一笔费用。

所有被过度宠溺、缺乏活动的伴侣犬都被迫过着一种不正常的生活，它们会变得抑郁、焦虑甚至出现攻击性。出现这一现象的原因是犬类“心理学”的兴起。许多兽医都进修了这一心理行为相关的课程。他们会首先排除一些可能的疾病，然后推荐行为疗法，对狗主人在帮助宠物康复时应该采取的态度提供建议。

职业训犬师也能够为那些出现攻击行为或其他心理疾病的狗提供治疗。一条患有深度抑郁的狗的疗程需要持续6个月，每周进行3次治疗，每小时的诊疗费用约为960元。在美国，医药产业也在摩拳擦掌：每年卖出的犬猫抑郁精神药物的总值多达上百亿美元。而造成这一开销的原因通常是因为主人忽视了狗狗的天性，没有满足狗狗保持健康所需的必要条件。

犬类社会保险可以应对医疗开支。一份享有意外事故或手术费用赔偿的保险价格在每月80～200元不等。如想让保险涵盖更广的范围，那么价格一般为每个月400元。在法国，犬类保险并不盛行，只有4%的狗投保，而在英国，该数字为30%，在瑞典则达到了80%。

价格高昂的医疗护理／*DES SOINS QUI PAIENT*

导致狗死亡的主要原因有癌症（27%）、自然衰老以及心脏疾病（18%）。不过狗的预期寿命却一直在增长：平均寿命为11年（小型犬的寿命可达13或14年）。

犬类美容，前景可期／*LA BEAUTÉ CANINE, UN BON CRÉNEAU*

在法国，每年有300～500家宠物美容店开业，表明了该领域的繁荣市场。经常出入美容院的主人需要支出一笔不必要的开销，而好处可能只是让宠物美容师多赚上一笔钱。

在美容市场大热的背景下，除了各种各样的刷子、梳子、剪刀、趾甲剪、推子和其它美容工具以外，我们还是能够找到一些颇具新意的实用产品，比如医用沐浴露、在狗狗出浴时使用的超吸水微纤维速干毛巾，以及兼具毛清洁和按摩功用的微纤维手套。

不过，这些产品可以让您的宠物始终保持光鲜亮丽。洋甘菊沐浴露可以让您小宝贝的白毛永不发黄，而杏子沐浴露则可以让毛发保持金黄光泽。霍霍巴油喷雾再配上食品罐头，您的狗狗就能拥有一身亮丽皮毛。但是这些真的是必需品吗？只要均衡饮食，充分运动，您的狗狗就能保持美丽光鲜的良好状态。

今天，主人们为了把狗狗打扮得更像人类一些，可谓是无所不用其极。而狗狗，一般来说，并不喜欢这些包括清洗、梳理和修剪在内的美容服务，它们眼看着自己的毛发被染成红色或紫色，或者和自己的怪诞主人一样，头顶一撮滑稽的绿毛。令人欣慰的是，这些所谓的“艺术”美容所用的都是食用色素。狗可以随意舔毛而不会有中毒风险，并且只需冲洗一次即可将颜色洗净。

但是给一条白色贵宾犬作个狮子造型，精心修剪一下趾甲并涂上粉色甲油，再戴上脚链和尾链又怎样？给狗喷上椰子味的香水又如何？即使保证对狗无害的香水也会严重影响狗狗的自然气味，这可能会让前来打招呼闻气味的同类感到困惑不解。请慎重使用这种产品。

昔日的美容店渐渐让位于保养护理店。和人类保养一样，犬类保养护理也流行水疗和各种按摩服务。在保养店里，狗狗可以享受放松水浴或热水浴、解压泥疗和土疗，还有芳香精油按摩。狗狗完全可以省去这些保养护理，但主人和商家却乐此不疲。

犬类按摩几乎成了一种全新的职业，有专门的培训课程、执照，还成立了服务者协会。

一般来说，狗狗十分喜欢任人摆布，它们会任由按摩师揉捏推拉，享受特殊的按压手法，比如指压和其它亚洲按摩手法。根据按摩师的说法，这些护理能够让狗狗得到最大程度的放松，更好地促进能量循环。宠物海水浴中心也追求同样的护理效果，他们提供各种泳池和按摩浴缸。

举个例子，狗狗可以在水下跑步带上进行锻炼，以此减肥或展开意外事故后的康复训练。

犬用服饰 / LES VÊTEMENTS CANINS

21世纪的狗狗可以穿得时髦又体面！犬类的成衣市场势头正旺。虽然缺乏相关数据，但是我们可以发现在一些特别的商店和网络上，犬用服饰的品牌数量正在迅速增长。从大衣到浴衣，商家们不断增加服饰的种类且价格不一，在2015年，一件基础服饰的价格为240 ~ 1 600元不等，而高级服饰或定制服饰的价格要更加昂贵。品牌质量决定衣服的价格。

雨衣、防水服和夹克是最常见且最正常的犬用服饰，然而这些衣服对一只健康年轻的狗来说派不上什么用场。其他新服饰，如犬用皮靴，很显然，这种服饰会影响狗走路，除了保护狗爪不受伤之外没有任何用处。

小玩意的世界 / UN MONDE DE GADGETS

小玩意是相对新式的发明，随着电子技术的发展，这种小玩意的类型越来越多，也越来越讲究。每次有新产品出现时，通常都是一些人类用产品的犬化版。真正有用的东西少之又少。

没用的小玩意 / *DES OBJETS INUTILES*

没用的产品太多了：比如用于散步的犬用豪华推车，这种产品完全忽视了吉娃娃更喜欢自己走路的需求，还有狗粮圣诞礼盒、圣诞老人造型仿真巧克力礼盒。您需要完全回避某些产品，比如电击项圈，这种产品会增加狗的压力，还可能破坏主人和狗狗之间的关系。

同样地，除非您的狗患有眼部疾病，比如结膜炎，否则就无需为它配备太阳镜。狗狗并不需要太阳镜，而且会感到不舒服。太阳镜的用处是保护那些山区或灾区工作犬的眼睛。

您想知道在您不在的时候狗都在干什么，它会看哪些东西，去哪些地方？您可以在它背部安装一部轻巧的高科技小型移动摄像机。但要避免这种摄像机（相当昂贵）制造的意想不到的危险。

有趣的创意 / *DES INNOVATIONS INTÉRESSANTES*

并不是所有的小玩意都一无是处，特别是那些和健康相关的小玩意多少还能派上一点用场。比如提手支架狗鞍，这种产品能够支撑残疾狗的后躯，释放后躯压力，帮助残疾狗行走。

如果是经历过意外事故的老年狗或某些容易瘫痪的狗，比如腊肠犬，装有两只滚轮的后肢助行车可以帮助它们使用前肢行走。

由记忆泡沫制成的回弹狗窝能缓解老年狗狗的关节疼痛，助其安心睡眠。另一种超卫生材质狗窝能够除湿、吸臭、杀菌，甚至还能释放出让狗放松的离子。

由硬塑料制成的漏斗型防抓圈，即传统的“伊丽莎白圈”已被一种防水硬布脖套所代替，这种脖套能够挤压折叠，不会妨碍狗饮水进食。

长期以来，不管对象是人还是动物，增压都是一种焦虑症的有效疗法。一件柔软轻便的马甲能够对胸腔持续产生一种适度压力。实验结果证明，对于大部分深受分离焦虑症、噪声恐惧症、汽车恐惧症困扰或者一有压力就叫个不停的狗来说，这种马甲能够起到镇静作用。

如果您害怕狗狗走丢或被遇上车祸的话，请您在它的项圈上扣上一副

“高科技”金属身份狗牌。如果您的狗走丢了，捡到它的人只需用手机扫描一下狗牌上的专属二维码，您就可以马上收到邮件提示，知道狗狗的所在位置了。当然，捡到的人需要知道怎么使用这种系统才行。

如果您的狗狗在夜间的乡下和您走散，那么一副能够发出强光的感光项圈可以让您在400米的距离内找到它。如果您在夜间遛狗，可以使用发光项圈和牵引绳，无论是否闪光，都可以让沿路的骑行者从很远的距离就发现它。还有其他安全产品：在度假路上发生车辆故障时，犬用荧光马甲可以派上用场，在划船游玩时，犬用救生马甲也相当实用。

在主人工作期间，狗通常会留在家里。自动喂食器可以定点喂食。虽然比不上主人亲手喂食，但多少能够帮它解闷。狗也能全天喝到新鲜的水。您只需将一种特制碗在冷冻柜放上2个小时，它就能让碗里的水保持低温超过8个小时。

有一些专为狗主人研制的小玩意，比如像“瑞士军刀”一般的多功能牵引绳，配备有水盒、食盒、拾便袋分格、手电筒还有发光表……所以这种牵引绳相当有分量。这种牵引绳设计的目的是为了狗主人在遛狗时能够少背一些东西。

电子自动抛球机能够进行三段式距离和两档位速度的抛球调整。对于那些懒于陪狗玩耍的主人来说，这是一种十分有用的产品。他们还可以选择购置一款犬用“家庭健身器”。比如在下雨天，这种跑步带可以让狗足不出户就得到锻炼，保持身材。

疯狂狗生 / *UNE FOLLE VIE DE CHIENS*

在法国，虽然被宠坏的宠物并不少，但并非所有主人都打算过分溺爱它们，而在美国、日本、新加坡或巴西这些国家，情况正好相反，“爱宠狂潮”这种真正的偏轨现象横行肆虐，主人们忘记了，狗就是狗，把狗狗当作小孩而非动物来对待。所有的小玩意都不够新潮，不够靓丽，配不上他们的狗狗，为了满足他们，超市上架了所有最新产品。那些具有敏锐商业嗅觉和无限创意的商家，也已经不知道该如何取悦这些主人了。

互联网，小玩意的大市场 / INTERNET. LE GRAND MARCHÉ DU GADGET

网络对小玩意的繁荣发展起了重要作用。只需鼠标轻轻一点，就能找到各种各样的犬类相关服务，比如繁殖相亲网站。

时尚领域的选择数不胜数：真皮外套、比起“狗伞”这种安在狗背上的雨伞来说更为舒适的雨衣、T恤、水手服、长裙、短裙、毛衣还有皮靴。雄性可以穿上配有马甲、蝴蝶结或领带的无尾礼服。年轻的“布波”狗们会戴一块方巾；而时髦的“年轻小姐”们则会选择流苏项链。明星犬们还会身披名牌走秀，它们戴着以高档的经典款式项圈，用着品牌食盆，住着奢华狗窝，还有金叶子装饰……而这份清单还远未穷尽。

“爱宠狂潮”的例子 / QUELQUES EXEMPLES DE LA « PET MANIA »

在新加坡，正如其名字所示，“宠物巡航”是一家为狗提供游船服务的品牌。狗狗们似乎十分享受这种活动。价格相当于160元人民币，游船在海中巡航2个小时，中途会停靠在一座小岛上，让狗洗一次海水澡。在这座每平方米亿万富翁的密度为全球最高的城市里，“犬伽”（“狗”和“瑜伽”的组合词）活动能够帮助主人和狗一同放松心灵。在数不清的宠物商店里，除了其他服务以外，狗还可以享受微泡沐浴，去除身上的异味。

在溺爱宠物狗的程度上，中国人和巴西人、美国人以及日本人可以排在前列。在巴西，狗能够享受所有您能够想象到的服务。在圣保罗，狗可以享用特制甜点，科帕卡瓦纳还有宠物饭店。这些高贵的狗通常每周都会去一次美容店，而正常频率是每两个月去一次。

去年，即使是在美国这一爱宠狂潮王国，还是发生了一件引起哗然的事情。一位名叫盖尔·波斯纳（Gail Posner）的美国富翁在死后将其估值6百万欧元的迈阿密房产用益权留给了她的三条宠物吉娃娃，并为它们购买了价值220万欧元的信托基金。而这位富翁的独生子卡尔（Carl）立刻一纸诉状将家中佣人告上法庭，认为他们有欺诈自己母亲的嫌疑：波斯纳太太在遗嘱中指定这几位佣人继续照顾三条宠物狗，允许他们继续住在拥有23间房间的豪宅里……这种案件仅此一家吗？不是的。在日本、英国，甚至德国，宠物狗继承遗产的事件可谓是家常便饭。

在中国，宠物狗主人们把大笔开销拿来溺爱自己的狗狗。从21纪初以来，与狗相关的开支已经上涨了500%。这些主人还以给狗化妆为乐，比如，他们会给自己的白色比熊犬画上黑眼圈，将其打扮成熊猫模样。我们至少可以祈祷这种上色是无害的。主人们还会将自己的狗打扮成蜘蛛侠或蝙蝠侠，这是相当热门的万圣节装束。狗在不知不觉中成为了主人造型的受害者。美国的情况是最糟糕的，一些有纹身和穿刺的主人会让狗也变得和自己一样。这种对狗来说痛苦又危险的行为在纽约已经被禁止。

最令人吃惊的事情是宠物犬租赁处的存在！东京、纽约和洛杉矶提供宠物犬租赁服务。这种“服务”面向那些经常出门旅游或没有太多时间照料宠物的人。他们可以订阅这项服务，在网上选择心仪的宠物狗，再等待宠物狗送货到家。价格为一天25美元，再加上50美元的服务订阅费用。这些宠物狗都是被租赁公司收留的弃犬。它们确实可以因此找到栖身之所，但是，不断地更换主人对它们的心理健康来说可不是一种理想情况。手机上可以领养的虚拟电子宠物狗就不会有这么多问题。电子狗服从命令，吃喝拉撒也正常，无需担心现实问题。这是一项日本发明，取得了巨大成功。等狗狗去世时，它们的遗体将会被送给宠物狗豪华火化中心进行处理，它们的死亡通知也会被刊登在当地知名报纸的讣告专栏上。有些美国富人会将狗的遗体装进带有黄金把手的丝绸棺材里，并为其树一块豪华墓碑。有些则会将宠物狗的尸体低温保存起来。怪咖们总能想到各种办法来处理宠物狗的遗体。

结论 / *EN CONCLUSION*

要想让宠物狗过得幸福，需要主人精心挑选并认真了解如何去照料它。绝不是像当下越来越流行的趋势一样让狗过上违背天性的生活。主人们热衷的事情是什么呢？许多主人给自己的狗购置漂亮衣服或豪华项圈，以此满足自己的虚荣心。还有一些主人紧跟小

玩意时尚潮流，觉得最新的小玩意可以讨宠物狗的欢心，向它们表达自己的爱意。

不管怎样，过度溺爱宠物的市场仍在不断膨胀，而最疯狂的“宠物商业”还在后头。心理门诊、健身中心、珠宝饰品、相亲网站、美容外科……“爱宠狂潮”能够推动市场繁荣，包括奢侈品市场，能够提供更多就业机会。从这点来看，“受宠狂潮”也是有积极意义的。

宠物狗节目 / LE PROGRAMME CANIN

以一项科学研究为基础制作而成，该研究证明某些狗也拥有看电视的能力。根据美国养犬俱乐部的说法，一半以上的宠物狗都对此节目感兴趣。一档像顶级厨师一类的宠物狗美食节目可能会更受欢迎。您可以边看节目，边购买一些美食食谱给您那挑剔的宠物狗做点好吃的。

Crédits photographiques

Ph.© Arioko : /Damman : 34 (h), 35, 44 (h et b), 75 (b), 84, 130 /De Meester : 41 (hg), 65 (b), 66 (mb), 67, 83, 115 (m) /Duhayer : 25 (h), 27 (d) /Fran : 19 (hg), 45 (hd), 46 (bd), 51 (b), 55 (h), 59 (g et d), 71 (mb) /Labat/Rouquette : 16, 17 (h et b), 24, 26 (h), 32, 39(b), 40 (g), 52 (g et d), 54, 56, 57 (h et b), 60 (g et d), 62 (g), 68 (h et b), 70 (b), 72 (b), 80 (d), 82 (d), 92 (g et d), 93, 108, 112 (bd), 114, 115 (g et d), 123, 127, 130 /Gehlhar : 101 /Heuzé : 97 /Lanceau : 11 (h et b), 15 (h et b),18, 31 (g et d), 50, 51 (h), 61 (b), 62 (b), 63, 77 (dh), 85 (d), 89 (b), 90 (hg et hd), 109, 112 (hg) /Lemoine : 137, 144 /Miriski : 61 (h), 62 (hd) / Planchard : 12, 13 (h et b), 19 (hd et bd) , 33 (b), 36 (b), 37 (hg), 40 (d), 45 (hm), 49, 53 (h), 77 (mm), 81 (d), 85 (hg) /Rocher : 14, 33 (hg), 46 (h), 66 (hd) /Watier : 80 (g)

Ph. © Shutterstock : p. 5 : Alinute Silzeviciute ; p. 6 : Jagodka ; p. 7 : Voltgroup ; p. 20, 21 (m,b) : rebeccaashworth ; p. 21 (h) : Rob kemp ; p. 22 : Transient Eternal ; p. 23 : Nailia Schwarz ; p. 25 (b) : loflo69 ; p. 26 (b) : tsik ; p. 27 (gh) : Lukas Maverick Greyson ; p. 27 (gb) : AstroStar ; p. 28, 29 : dezi ; p. 30 : OlgaOvcharenko ; p. 33 : wrangler ; p. 34 : Jagodka ; p. 37(d) : Diriye Amey ; p. 38 : WilleeCole Photography ; p.39 (h) : SteffiMueller ; p. 41 (hd) : Lenkadan ; p. 42 : dogboxstudio ; p.43 : Lenkadan ; p.48 : Eric Isselee ; p. 55 (b) : Rudy Umans ; p. 58 : Jupiterimages ; p. 64 : Jagodka ; p. 65 (h) : Muh ; p. 66 (hg) : Coffeemill ; p. 66 (hm) : Grisha Bruev ; p. 66 (bd) :Antonio Gravante ; p. 69 (hg) : Rhamez ; p. 69 (hd) : VKarlov ; p. 69 (b) : Ruth Black ; p. 70 (h) : violetblue ; p. 71 (hg) : Lenkadan ; p. 71 (m1) : Zuzule ; p. 71 (m2) : Niwiko ; p. 71 (m3) : ; p. 71 (m4) : Lenkadan ; p. 71 (hd) : f8grapher ; p.72 (h) : Utekhina Anna ; p. 73 (h) : Grisha Bruev ; p. 73(b) : Davs2001 ; p. 74 : Ermolaev Alexander ; p. 75 (hg) : arttonick ; p. 75 (hd) : Debby Wong ; p. 76 : Eric Isselee ; p. 77 (hd) : f8grapher ; p. 77 (bd) : Svetlana Valoueva ; p. 78 : f8graphes ; p. 79(g) : Aleksei Verhovski ; p. 79 (d) : Omelianenko Anna ; p. 82 (g) : Tom Feist ; p. 85 (bg) : Radule ; p. 86 (g) : Eric Isselee ; p. 86 (g) : Nathan clifford ; p. 87 : callalloo ; p. 88 (h et b) : Jagodka ; p. 89 (h) : TOM KAROLA ; p. 89 (b) : otsphoto ; p. 90 : Eric Isselee ; p. 91 (hg) : Judy Ben Joud ; p. 91 (hd) : Nagel Photography ; p.92 (b) : chaoss ; p. 93(g) : Pattarit S ; p. 93(d) : alison1414 ; p. 94 : Mikkel Bigandt : p. 95 : Degtyaryov Andrey ; p. 96 : Mikkel Bigandt ; p. 97 : Degtyaryov Andrey ; p. 98 : Jagodka ; p. 99 (g) : Be Good ; p. 99 (m) : kittipod raemwanith ; p. 99(d) : beeboys : p. 100 : Liliya Kulianionak ; p. 101 (g) : Be Good ; p. 101(d) : rebois ; p. 101(m) : kittipod raemwanith ; p. 102 : Mikkel Bigandt ; p. 104(h) : maxi_kore ; p. 104 (b) : Hannamariah ; p. 105 (bg) : Wallenrock ; p. 105 (bd) : Artem and Olga Sapegin ; p. 106 : Capture Light ; p. 107 : Daz Stock ; p. 110 : Eric Isselee ; p. 111 : Mr. Suttipon Yakham ; p.112 (hd) : Hell-Foto ; p. 112(m) : Scorpp ; p. 113 (b et hd) : tsik ; p. 113 (hg) : Daz Stock ; p. 118 : Eric Isselee ; p. 119 : dezi ; p. 125 : Javier Brosch ; p. 126 : Eric Isselee ; p. 129 : Jaromir Chalabala ; p.134 : Xseon ; p. 135 : Josfor ; p. 136 (h,b) : Scorpp ; p. 140 : Fly_dragonfly ; p. 141 : taviphoto ; p. 142 : Africa Studio ; p. 147 :

Robert Przybysz ; p. 148 : Ermolaev Alexander ; p. 150 : Alexey Stiop ; p. 151 : Crisferra ; p.152 : Grisha Bruev ; p. 155 : Javier Brosch ; p. 156 : Fly_dragonfly ; p. 157 : ankiro ; p. 158 : Anne Kitzman ; p. 161 : cynoclub ; p. 163 : Jagodka ; p. 166 : Imfoto ; p. 168 : arttonick ; p. 171 : Beata Opalka ; p. 172 : Tootles ; p. 174 : Volkova ; p. 175 : Radu Bercan ; p. 176 : GSPhotography ; p. 177 : dezi ; p. 179 : Robynrg ; p. 181 : Eric Isselee ; p. 182 : Medvedev Andrey ; p. 183 : Eric Isselee ; p. 184 : stockphoto mania.

Ph. © Thinkstock : p. 45 (hg) : nataistock ; p. 45 (b), 46 (bg) : cynoclub ; 47 : FEDelchot ; p. 81 (hg, bg) : cynoclub.